현대 보이차를 중심으로 …

중국 보이차

저자_연송 **이강근** (전남 화순 출생)

원광대학교 대학원 한국문화학과 〈박사과정〉
육군보병장교전역
전) 광주광역시 생활체육 배구협회 회장
전) 광주광역시 체육회 당구협회 회장
현) (주)리아트(한국미술관) 회장

저서_자사호 도감

현대 보이차를 중심으로 …

중국 보이차

연송 이강근 저

티웰

- 하개 고차수 -*

보이차의 매력과 가치를 알아보다

보이차는 중국 운남성에서 생산되는 차의 한 종류로, 발효과정을 거치는 숙차와 발효과정을 거치지 않고 건조한 상태로 보관하면서 숙성시키는 생차로 구분한다. 차 산지의 풍토와 기후에 따라 향과 맛이 다양하며, 시간이 지날수록 더욱 깊고 풍부한 맛으로 변화합니다. 보이차는 건강에 유익한 성분이 많이 함유되어 있으며, 투자 가치 역시 높은 차로 인정받고 있습니다. 저는 18년 전부터 보이차를 접해오다 10여년전부터 관심을 가지고 수집하고 마시면서 보이차의 매력과 가치를 체험해 왔습니다. 이 책에서는 제가 직접 방문하고 구입한 보이차들을 소개하고, 보이차의 역사와 문화, 종류와 특징, 숙성과 보관 방법, 건강과 효능, 재테크 방법 등에 대해 상세하게 설명합니다. 또한, 보이차를 마시면서 느낀 감상과 소회도 함께 하였습니다.

심상만 대표의 만남과 청현산방 류해숙님의 안내로 보이차 애호가의 집을 방문한 이후 본격적으로 보이차를 마시면서 수집하였습니다. 그때부터 보이차에 빠져들면서 건강에 유익하다는 것은 물론, 차 산지의 다양성과 맛과 향의 풍부함, 그리고 투자의 가치까지 발견하게 되었습니다. 보이차가 좋은 이유 중 첫 번째는 운남성의 여러 차 산지의 특징을 알게 되면서 지역마다 다른 향과 맛을 즐길 수 있고, 또 시간이 지날수록 맛이 숙성되어가는 것을 알게 되면서 취미로는 아주 매력적이라고 여기게 되었습니다. 두 번째는 보이차의 유통 흐름을 파악하면서 재테크 시장을 알게 되어 그 매력에 푹 빠지게 되었습니다.

이즈음에서 혼돈되는 일들이 생겨났는데, 그것은 병배차는 순료차와 다르게, 대부분 재배단지에서 생산하는 차로서, 어떤 차들이 건강에 유익한지, 투자는 어떤 종류에 해야 하는지와 같은 것이었습니다. 그때 청주에서 대익보이차를 전문적으로 유통하는 백비헌 박규용 대표를 만나게 되면서 대익보이차를 접하게 되었습니다. 보이차가 단순한 취미로서의 차가 아님을 현실적으로 알게 되었습니다. 개인들이 중국 운남성 차 산지에서 고수 순료차 등 훌륭한 차들을 생산하기도 하겠지만, 그런 개인 차들은 대체적으로 똑같은 내용이 거래가 각기 다르기 때문에 공정성의 한계가 있습니다.

보이차 역사를 보면 1950년대 이전 "호급"이나 1950년대 이후 "인급"이 있고 88청병이나 97수남인, 그리고 근대 보이차로는 대표적으로 유기농공작 시리즈, "헌원호", "천우공작" 등 대다수 보이차 시장의 가격이 투명하게 오르고 내림에 있어서 시황을 공유할 수 있다는 것을 알게 되었습니다. 그리고 중국 차 산지 답사와 보이차 전문 차창을 방문하면서 중국 현지 사정에 대해서도 이해를 하였습니다.

요즘은 인터넷을 통해서 보이차를 알 수 있으며, 품질과 가격이 공개됨으로 안심하고 거래할 수 있습니다. 보이차는 얼마든지 재테크가 가능하기에 차 맛을 즐기면서 마시는 용도의 차와 재테크로서의 보이차를 구분하여 즐기는 입장이 되어서 차 생활이 아주 유익해졌습니다. 보이차에 대해 궁금하거나 관심 있으신 분들께 이 책이 도움이 되기를 바랍니다. 끝으로 차와 함께 하시는 모든 분들이 보이차의 매력과 가치를 알아보면서 즐거운 차 생활을 하시길 염원하며 미력하나마 글을 올립니다.

이 책이 나오기까지 자료를 확인하는 과정과 사진 작업에 협조해 주신 박규용 대표와, 개인적으로 수집 정리해온 내용을 하나하나 편집하고 사진 작업까지 하여 방대한 자료를 한 권의 책으로 만드는 과정에 도움을 주신 박홍관 티웰 대표에게 감사한 마음 전합니다

2023년 12월
연송 이강근

중국 보이차

연송 이강근 일반 보이차 소장품

중국 보이차

현대 보이차를 중심으로 …

보이차란 무엇인가

보이차는 중국 운남성 보이시(普耳市)를 중심으로 생산되는 차로 대엽종 찻잎을 원료로 하여 만든 쇄청모차(晒青母茶) 또는 모차(母茶)가 자연발효(후발효)나 인공발효를 통해 만들어져 2003년 운남성 품질 기술 감독국이 공포한 표준에 부합한 산차(散茶)와 긴압차(緊壓茶)의 총칭을 말한다. 이러한 보이차는 긴압(緊壓)하는 형태에 따라 원차(圓茶), 전차(磚茶), 타차(沱茶), 주차(柱茶) 등으로 분류되기도 하며 발효의 정도에 따라 생차(生茶)와 숙차(熟茶)로 나누어진다. 지금은 중국 전역에서 발효차가 생산되는 가운데 보이차도 다양한 산지에서 생산 판매되고 있는 실정이다. 이처럼 무분별한 보이차 생산으로 인해 전통적인 보이차의 진면목을 상실하고 있다는 지적에 의해 몇 가지 기준을 제시하고 그 진위를 분별하고 있는 것이다. 그 기준을 보면 "첫째 산지가 보이 지역이어야 하며, 둘째 가공 원료는 운남 대엽종 쇄청모차를 사용하여야 하고, 셋째 가공에는 선발효 "숙차"공법과 후발효 생차" 공법(자연발효나 인공악퇴발효)을 거쳐야 하며, 넷째 보이차는 운남성 지방 표준에 부합되어야 한다"이다.

1. 생차(生茶)

대만은 1997년, 우리나라는 1998년부터 중국 운남성 차 생산 공장에 생차를 주문 제작하기 시작하였다. 4년 정도 지속적인 유행을 하였으며, 중국에서는 보이차 제다법에 따라 크게 생차와 숙차로 구분한다. 발효되지 않은 모차(毛茶)를 산차의 형태나 원형, 방병 등의 다양한 모양으로 긴압한 후 발효가 진행되어가는 차.

2. 숙차(熟茶)

한국에서도 최근에 보이숙차(普洱熟茶)를 음용하는 인구가 점점 늘고 있는 추세다. 홍콩, 대만, 말레이시아, 한국 등을 거쳐 전 세계로 확산되고 있다. 이러한 확산의 가장 결정적인 역할을 한 것이 숙차(熟茶)의 개발로 볼 수 있다.

보이차를 미생물이 관여한 발효 방법으로 산화 작용과는 달리 일차 가공한 찻잎을 퇴적이란 공정을 거쳐 미생물을 통해 인위적으로 발효시켜 쾌속 진화하게 한 차를 말한다.

※악퇴 발효

　악퇴의 역사는 1973년대 각 차창에서 진행되었으며, 문화혁명(1973년) 이후부터 기술의 혁신화로 품질이 많이 향상되었다. 보이차가 복잡하고 맛의 변화가 다양하다는 것은(생차의 습창 발효 포함) 모차로부터 2차 가공으로 진행되는 숙성 발효 과정 때문 이다. 청병 생차의 경우 건창으로는 오랜 시간과 세월 속에 천천 히 후발효 및 숙성이 진행되면서 맛이 들어가지만, 악퇴로 숙성시 키는 차는 발효가 속성으로 진행된다. 발효가 진행되는 요인들은 온도, 습도, 영양, 시간 등에 미생물이 번식하며 복합적으로 일어 악퇴의 정도에 따라 찻잎의 색상과 탕색, 맛의 변화 등이 다 양해 진다. 악퇴를 강하게 할수록 찻잎의 색상은 밤색, 밤 갈색에 서 짙고 어두운 쪽으로 가며, 우리고 난 후의 찻잎은 색상은 고르 나 탄력성이 적고 잎의 파손이 심하고 고르지 않다. 탕색도 악퇴, 숙성발효가 적고 많음에 따라 주황, 주홍, 밤색, 짙은 밤색, 검은색 으로 치우치게 된다. 전통방식으로 잘 만들어진 숙성 차는 비교적 탕색이 맑고 선명하며, 독특한 숙미와 부드러운 맛이 난다.

3. 긴압차(緊壓茶)

1) 원차(圓茶)

처음부터 보이차를 긴압한 이유는, 오로지 교통불편으로 인한 운송시 손실을 해결하기 위함이었다. 고대에는 교통이 불편하여 차마고도(茶馬古道)의 길에 마방(马帮/말에짐을 싣고 떼 지어 다니며 장사하는 사람들/caravan)들이 차를 운반하였다. 중국 서남지역에는 산지가 많고 지세가 평탄하지 않기 때문에 차를 잎산차로 보관, 운송하게 되면 비용이 더 많이 들게 되지만, 긴압하고 난 후에는 말 한필로 60kg의 차를 질 수 있어 운반 하기에 매우 편리했다.

2) 전차(塼茶)

보이차 전차 송나라 태종 태평흥국2년(977) 북원에서 만든 용봉단차가 긴압차의 시초라고 할수 있다. 이때 이미 윈난의 보이차가 중원 및 강남에 알려져 있다.

원차

전차

3) 타차

하관을 비롯하여 타차를 만드는 상호들이 나날이 늘어갔다. 각 차 상호들 간의 관계도 점차 다양한 형세에 들어갔다. 경쟁이 가장 먼저 가져온 것은, 협동 방식의 출현이다. 영창상의 상호가 외지의 시장, 특히 사천 시장에 영향이 컸다. 영창상이 자신의 생산력으로는 시장의 수요를 다 공급해주기 어려웠다. 그리하여, 하관의 성창(成昌) 등의 상호의 왕중후(汪仲侯), 진덕선(陈德先), 진사현(陈思贤) 등 그들이 차를 고르고 포장하는 일에 능숙하기에, 영창상의 주문을 받아 타차를 생산하였다.

  찻잎의 원료는 영창상호에서 공급하였고, 공장의 노동비와 포장재로 유통등의 자본또한 영창상에서 다 지불하였다. 왕중후, 진덕선 등은 자기가 간단한 설비만 준비하고, 가공지를 찾아, 계약한 일정한 수량의 타차 상품을 공급하면 되었다. 이렇게 10여년이 넘게 지속되었다. 그외에, 차창이 증가함에 따라, 경쟁이 치열해졌는데, 각 차창 간에 다양한 수단이 생겼다. 무항은 차호에서는 포장을 개선하고, 품질을 높이는 대책으로 승리를 얻어냈다. 타차의 포장은 오랫동안 한 타차가 무게가 2근 반이였는데, 무항에서는 소형의 타차를 만들어냄으로써, 많은 사람들의 요구에 부합하고, 사람들이 편하게 구매하게 되어, 판매량이 증가하였다.

하관차창에서 타차 제조과정 시연

타차

긴차

4) 궁정보이

1999년 이후 맹해차창에서 만든 높은 등급의 숙산차를 말한다. 등급은 1급산차
보다 가늘고 어리다. 일반적으로 모차의 급수 구분은 체에 거른 후 정하는데 궁정산
차는 가장 어린 성숙도의 이파리만 모아 놓는다. 파손된 차가 많지 않으며 외관은
아름답고 맛도 달고 부드러우나 내포성은 좋지 않다.

5) 철병과 포병

산지에서 생산된 병차는 긴압 방법에 따라서 포병, 철병 두 가지로 나눈다. 철병
은 철제 틀에 차를 넣고 긴압을 해서 바닥면이 평평하고 드문드문 과립감 있는 돌출
모양이 생긴다. 포병은 모차를 쪄서 보자기에 넣고 모양을 잡아 긴압을 하기에 보자
기 묶는 부분이 차에 닿아 움푹 파인 바닥면을 만든다.

6) 긴차(緊茶)

재가공차류 중에 흑차긴압차는 보이차의 일종이다. 운남성에서 주로 생산되며,
주 집산지는 대리시(大理市)이다. 긴차는 명대의 '보이단차(普洱團茶)'와 청대의 '여
아홍(女兒紅)'에서 근원하는데, 타차(沱茶)보다는 조금 늦다. 역사상의 긴차는 하트형
(또는 버섯형이라고도 함)을 띠고 있는데, 원료가 비교적 조악한 차 종류로 긴단(緊團)을

만들고 아울러 하나의 손잡이를 남겨둔다. 나중에 가공과 포장이 불편하자 1967년에 비로소 고쳐 장방형의 벽돌모양으로 만들어 기계압제(機械壓製)와 포장운송에 편하게 했다. 그래서 또한 운남전차(雲南磚茶)라고 부른다. 그런데, 바뀐 외형의 긴차는 티베트사람들의 환영을 못 받았으며, 티베트 빤찬(班禪)의 요구로 이에 1986년에 하트형의 긴차를 다시금 생산하게 됐다.

4. 고차수와 고수차

차나무 수령이 100년 이상된 것을 주로 고차수라고 하며, 고차수에서 채엽한 찻잎으로 만든 차를 고수차라 한다.

5. 고차수 보호

"외국인이 운남성 행정구역 내에서 차나무의 씨앗, 열매, 뿌리, 줄기,묘목,새싹, 잎, 꽃 및 기타 재배 재료 또는 번식 재료를 수입하거나 구매하는 것을 금지하고 규정을 위반한 경우 당국은 수집 및 구매한 고차수 재배 재료 또는 번식 재료를 몰수하고 1만 위안 이상 5만 위안 이하의 벌금을 부과할 수 있다. 2022년 11월 30일, 운남성 정부에서 발표했다. 2023년 3월 1일부터 시행한다는 운남성 고차수 보호 조례 중의 한 조항이다.

©2015 박홍관 – 수령 800년 남라산 차왕수

보이차 제조 공정(생차)

제조 과정

채엽 : 찻잎을 일아이엽(一牙二葉) 또는 일아삼엽(一牙三葉)으로 딴다.

탄량 : 채엽한 찻잎을 3-4시간 동안 시들리기를 한다.

살청 : 가마솥에 덖는다.

유념 : 찻잎을 비비는 과정.

쇄청 : 햇빛에 건조하여 모차를 만든다.

선별 : 억센 줄기나 등급별로 찻잎을 분류

긴압 : 전통 방식에 따라 석모를 이용하여 긴압하거나 유압기를 이용한다. 현대
　　　　보이차들은 대부분 유압기로 만든다.

살청: 보이차 맛을 결정하는 가장 중요한 과정이다. 녹차의 살청시 솥의 온도는
300도 전후이며 보이차의 솥의 살청 온도는 150도 전후로 상대적으로 낮은 온도에
서 10분 정도 살청한다. 살청이 적게 되면 풋내가 난다. 살청을 너무 오래하면, 맛과
향은 좋지만 산화효소가 파괴되어 후발효가 일어나지 않는다.

유념: 대나무 바구니 위에 찻잎을 비벼서 찻잎의 세포막을 파괴하여 차가 잘 우러
나오도록 하는 과정인데, 찻잎을 식힌 후 약간 공굴리듯 돌려준다.

쇄청: 유념을 마친 찻잎을 대광주리나 채반 등에 넣어 햇볕에 건조하여 모차(母茶)
를 만든다. 비가 많이 오는 시기에는 쇄청을 할 수 없기 때문에 기계를 사용해서 말
리며 홍간(烘干)을 하게 된다.

탄량

살청

선별

석모

긴압

쇄청

보이차 제조 공정(숙차)

제조 과정

모차 : 모차 상태가 되기까지는 생차 제다 과정과 동일하다.

악퇴 : 미생물이 작용하기 좋은 습도와 온도로 발효를 진행시킨다.

번퇴 : 생산 공장에 따라서 차이는 있지만 악퇴 후 7일 또는 10일 한 번 차를 뒤집어

준다.

건조 : 통풍 건조시킨다.

선별 : 차를 등급별로 분류한다.

긴압 : 산차 형태 또는 긴압차로 만들어 완성한다.

악퇴

1972년 이후 대량생산을 위한 악퇴 가공법은 찻잎을 일정한 뚜께로 쌓아 물을 뿌려서 차 무더기의 열을 상승시키고 미생물의 활동이 활발하게 하여 쾌속 발효하게 (약 40~60일 정도) 하는 인위적인 발효 공법이다.

발효 개시일부터 일주일 전후에 첫 번째 뒤집기를 하고 일주일에 한 번씩 총 4회 정도의 뒤집기를 한다. 뒤집기는 발효과정에서 나는 열을 분산시키고 찻잎 전체가 골고루 발효될 수 있도록 하는 과정이다. 온도는 처음 일주일은 약 40도 정도이고 2차 3차 뒤집기를 할 때에 중심온도는 최고 온도가 65도 까지 올라가는데 더 이상 올라가면 탄화현상이 발생하기도 한다.

최근에서 악퇴 과정 방식이 다양하게 발전되고 있다. 스텐통이나 나무 위에서도 진행한다.

악퇴과정

세멘 바닥을 이용한 악퇴과정

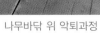
나무바닥 위 악퇴과정

스테인리스 통을 이용한 악퇴과정

25

보이차의 가치와 평가

중국의 보이차 거래 플랫폼
동화(東和) 차엽

차는 중국에서 기원하는데, 중국이라는 땅덩어리에서 잉태해낸 신기한 찻잎은 제조 방법에 따라 서로 다른 종류의 차를 탄생시켜 차를 애호하는 많은 사람들의 입맛을 만족시켜 주었다. 더욱이 보이차 노차인(老茶人)은 20세기 80년대에서 21세기 초기까지 왕왕 불원천리하고 보이차 산지인 운남의 서쌍판납(西雙版納), 보이(普洱), 임창(臨滄), 대리(大理), 보산(保山), 곤명(昆明) 등지까지 달려가서 보이차를 골라 구매해서는 다시 화물운송으로 방촌(芳村)까지 운반해갔다. 낙후된 교통조건의 제약으로 인해 이는 필연적으로 고생스러운 과정이었으니, 비단 사람들뿐만 아니라 보이차조차도 함께 요동치게 했다.

그 시기에는 대개가 차엽 수출입회사, 토산품 회사 및 차엽 유통업자들의 보이차 상품구매는 운남차 저장 판매와 동일해서 보이차가 대중 상품이 되게 했다. 이런 패턴의 거래 하에서 운남은 보이차의 일급시장 교역센터가 된바, 어쩌면 '센터'란 말은 좀 모호하기는 하다. 왜냐하면 범위가 지나치게 광범하기 때문이다. '상대적인 집중'이란 말이 더 객관적인 표현일 게다. 보이차의 각 대주 산지 및 제다지역에 '집중'시키면 '상대'도 이와 동일하다.

　　그래서 말하건대 '상대적인 집중'의 다른 일면인즉 바로 '상대적인 분산'이다. 최대 한도로 형성된 규모의 우세가 없는데 여기엔 운남 보이차 자원 분산의 천연적 원인이 있고 역사적 원인도 있어서 크게 비난할 바가 없고 또 어찌할 도리도 없다. 반대로, 분산의 또 다른 면은 광동 차인들이 가져온 풍부한 보이차를 시음해 보면서 비로소 오늘날 방촌(芳村) 차엽시장의 허다히 많은 권위 있는 제품이 나타나게 된 것이니, "새옹지마가 어찌 복이 아님을 알 수 있겠는가?!"란 말이 아마도 이런 뜻일 게다.

　　이와 동시에, 보이차 일급 교역센터가 '상대적인 집중'(혹 '상대적인 분산')할 때 보이차 시장의 교역센터는 오히려 점점 형성되고 또 공고히 해져 강한 것은 항상 더 강해졌으니, 단기간 내에는 누구라도 그 지위를 대체할 수가 없게 됐는데 그게 다름 아닌 방촌(芳村)이다.

　　사회의 발전 특히 교통조건의 개선에 따라 광주(廣州)에서부터 곤명(昆明), 경홍(景洪) 등지에 이르는 지역은 급격히 변화한바, 빠른 속도로 이 지역 산지에까지 곧바로 도달하게 됐다. 교통조건의 개선은 달리 물류산업의 발달도 가져온바, 보이차의 화물 이동과 운송에 시간상 원가의 우세를 제공하였다. 그리고 또 하나 즉 과학기술의 진보는 인터넷이 일상생활의 매 일환에까지 파죽지세로 스며든 것이며, 또 지불 방식이 나날이 새로워진 혁신(지불하는 시간 원가와 자금 원가를 떨어뜨렸다)을 포함해서, 이 모두가 보이차 이급시장 교역센터의 최종적으로 방촌(芳村)으로 낙점되는 데 없어서는 안 될 버팀목을 제공하며 초석이 되었다.

이는 차례대로 한 걸음씩 앞으로 나아가는 과정으로서 또한 하나의 기적을 창조하는 과정인 동시에 산업전문화를 창조해가는 과정이기도 하다. 산업전문화란 바로 오늘날 방촌(芳村)이 전 중국의 모든 뭇 차엽시장 중에서 특출한 핵심요소와 경쟁력을 지니게 된 점이다. 동화(東和)차엽은 곧 보이차 교역 산업전문화의 축소판이자 또한 방촌(芳村)이 보이차 이급시장 교역센터가 된 하나의 방증인 셈이다. 물론 그건 또한 방촌(芳村)이란 이 보이차 교역의 옥토에서 기원했기에 물이 흐르는 곳에 도랑이 절로 생성되듯 대지를 뚫고 출토한 바라, 혹여 우리에게 무언가 계시를 일러주는 것 같기도 하고, 또한 응당 우리에게 계시를 하건대 흠모하는 데에 국한하거나 머무르지는 않을 것이다.

"중국 보이차가 전 세계로 유통하는" 사명을 짊어지다.

오늘날 보이차 교역플랫폼은 정분식(井噴式) 발전이 되었는데 이는 누가 선구자가 돼서 보이차 교역시장의 발전을 리드해나갈 것인가?

이강근(원제), 진군일(중국동화차엽유한공사 대표)

동화(東和)차엽이라는 회사가 있는데(웹사이트 https://www.donghetea.com/), 그들은 "중국 보이차의 전 세계 유통"이란 막중한 책무를 맡고서 온종일 시장 구석구석까지 돌아다니면서 활약하고 있다. 그들은 먼저 한쪽 구석머리에 은밀히 숨겨져 있던 한 무더기의 문제점들을 발견해냈다. 예컨대 차엽 교역과정 중에 불법상인들이 남과 북의 정보가 비대칭한 걸 이용해서 제멋대로 가격을 불러대 차등품을 좋은 것이라고 충당하거나 짝퉁을 판매하는 등등. 이러한 것들은 차엽 판매의 폭발적인 거래 아래에 은밀히 숨겨져 있던 문제들로서 줄곧 중시되지 않았다. 2008년에 그들은 단호하게 차엽시장의 중개서비스를 개시하여 안전하고 전문적이고 고급스러운 보이차 교역플랫폼을 마치 주식증권에는 증권거래소가 있듯이, 동화(東和)차엽은 보이차 시장의 제삼의 중개인이자 판매자와 구매자 양측 모두에 중개서비스를 제공하는 하나의 교역플랫폼이 돼서 차후의 보이차 교역시장을 위한 한 가닥 새로운 형태의 길을 개척한 셈이다.

동화(東和)의 출현은 차엽 교역시장의 정보 비대칭과 노차(老茶)의 진품과 가품이 섞여 혼란해진 현상을 개선하였으니, 거래시장이 규범화되고 표준화되게 유도하여 훗날 더욱더 많은 우후죽순처럼 솟아 나오듯 나타난 교역플랫폼을 위한 하나의 모범적인 귀감을 구축해냈다 하겠다. 동화(東和)는 "고급의 안전하고 전문적인 보이차 교역플랫폼"을 만든다는 것을 구호로 삼고 또 업무 자체의 특징을 둘러싼 것으로부터 출발해서 삼대 표준안을 창안 제정해내 두 가지 안전책을 보장했다.

운남성 보이차 주요 산지

만전(蠻磚)

운남성 서쌍판납주 맹랍현(勐臘縣) 상명향(象明鄉) 남부, 이무 서쪽에 위치해 있다. 전설에 의하면 제갈량이 이 지역에 철전(鐵磚)을 묻어 만전이라 불렸다 한다. 지금의 지도에는 만전을 만장(曼庄)이라고 쓰여 있는데 알고 보면 소수민족의 말을 음역한 것이다. 만전차구에는 만장, 만림(曼林), 만천(曼迁), 팔총채(八總寨) 일대가 포함된다. 차 생산량은 고육대차산 중에서 가장 많은 곳으로 알려져 있다. 만전차의 특징은 고삽미가 적으며 이무와 비슷한 단맛을 띠고 회감이 빠르며 비교적 오래간다.

유락(攸樂)

운남성 서쌍판납주 경홍시(景洪市)에 위치하고 있다. 고육대차산 중 유일하게 맹랍현 경내에 속하지 않은 차산이다. 유락은 옛날 이름이며 지금은 기낙산(基諾山)이라 한다. 경홍시 구내에 위치하며 동서로 75km 남북으로 50km이며, 면적은 육대차산 중 비교적 넓어서 고차원의 면적은 만 여무 정도이다. 해발 575~1,691m 사이에 있으며 연평균 기온은 18~20℃ 정도이다. 연간 강수량은 1,400mm 정도이다.

의방(倚邦)

운남성 서쌍판납주 맹랍현 상명향에 위치하고 있다. 의방은 태족(傣族) 언어로 '당랍(唐臘)' 의방이라 하는데 '차나무와 우물이 있는 곳' 즉 다정(茶井)이라는 의미이다. 오래전부터 차와 인연이 있는 역사를 지니고 있다. 고육대차산 중에서 의방산의 해발이 가장 높고 360여 만㎡의 면적이 거의 고산 지역이다. 이무차산과 비교하면 의방차산의 해발 차이가 더 크다. 해발이 가장 높은 곳은 최고 1,950m에 이르며, 가장 낮은 곳은 강과 하천이 합류하는 지역으로 565m이다. 의방차산 경내에는 대엽종과 중·소엽종이 있는데 전문가의 측정에 의하면 의방산 소엽종은 다른 지역의 소엽종이나 대엽종보다도 품질이 우수하다고 한다.

이무(易武)

운남성 서쌍판납주 맹랍현 이무향(易武鄕)에 위치하고 있다. 이무는 원래 만살(曼撒) 차구(茶區)에 속한 지역으로 이무와 만살은 차산지가 인접하고 있다. 이무는 토사(土司)의 소재지로 만살은 이무 토사의 관할 구역에 속해 있었다. 만살 차산이 1862년(동치 13)과 1887년(광서 12)에 일어난 대형 화재로 인해서 황폐화되자 이무가 만살을 대신하게 되었다. 이무의 연평균 기온은 17.2℃이며, 연간 강수량은 1,500~1,900㎜ 정도이다. 이무차의 특징은 향기가 높고 맛은 달고 부드러우면서 진하다.

혁등(革登)

운남성 서쌍판납주 맹랍현에 위치하고 있다. 혁등산은 이방 차산과 망지 차산 사이에 있다. 혁등은 포랑어로 높은 지역을 뜻하는데, 옛날엔 포랑족(布朗族)이 살던 지역이다. 혁등 차산은 육대차산 중에서 면적이 가장 좁지만, 공명산과는 가장 가까운 지역에 위치한다. 차왕수가 있어서 육대차산 중에서 특수한 지위에 있으며, 명성 또한 얻고 있다.

남나산(南糯山)

운남성 서쌍판납주 맹해현(勐海縣) 동쪽에 위치하고 있다. 서쌍판납의 중심 도시인 경홍에서 맹해로 가는 중간쯤에 위치하고 있으며, 800년 차왕수가 있다. 남나산은 반파채(半坡寨), 석두채(石頭寨), 고낭채(姑娘寨) 등 30여 개 촌으로 이루어져 있다. 운남 교목차나무의 대표적인 품종인 남나산 대엽종 자나무의 원산지이기도 하다. 평균 해발은 1,400m, 강수량은 1,600㎜, 기온은 16~18℃ 정도이며, 남나 차산을 거닐다 보면 곳곳에 샘물이 솟고 실개천이 흐르는 것을 볼 수 있다. 차맛의 특징은 쓴맛이 적고 부드러운 편이며 꽃향과 꿀향이 난다.

파달산(巴達山)

운남성 서쌍판납주 맹해현 서쪽에 위치하고 있다. 파달향(巴達鄉) 하송(賀松)의 해발 1,900m의 대흑산(大黑山)에는 둘레가 1m 이상인 차나무가 11주나 있다. 그중에서 1961년에 발견하고 2013년에 고사한 1,700년 수령의 파달 대차수(높이 32.12m)는 이 지역의 야생 차나무로 대리차종(C.taliensis)의 야생대차수로 확인되었다. 2004년 운남성 차과학연구소(茶科所)와 서쌍판납 주정부 조직의 차엽 과기(科技) 연구자는 파달 하송 대흑산에 대한 연구 결과, 대흑산 원시삼림 중에 원시 고차수 6천여 무가 군락을 이루고 있음을 확인했다. 파달 대흑산 원시삼림 중에는 또한 약간의 같은 종류의 야생 대차수가 있다.

장랑(章朗)

파달산에 있는 장랑은 합니족(哈尼族)과 포랑족(布朗族)이 같이 살고, 파달산 전체에서는 장랑과 만매(曼邁) 고차수 다원이 대부분 분포되어 있다. 마을의 해발은 1,600m보다 낮은 곳에 있지만 다원은 1,600m 이상의 산림 속에 있는 것이 특징이다. 장랑의 또 다른 특징은 산림 속에 차씨가 떨어져 자연적으로 자란 차나무가 많은 편이다.

활죽량자(滑竹梁子)

운남성 서쌍판납주 맹해현 맹송(勐宋) 지역에 위치한 해발 2,500급 차산으로 란창강(瀾滄江) 서편에 위치한다. 대표적 고차수 군락으로는 합니족(哈尼族)의 퐁강, 퐁룡 그리고 랍호족(拉祜族)의 나카(那卡)가 있으며, 기본 해발 2,200m에 위치한다. 평균 수령 400년이 된 재배형 고차수가 군락을 이룬다.

파량(帕亮)

맹해에서 남서쪽으로 자동차로 1시간 20분 거리에 있으며, 조금 더 올라가면 포랑산의 가장 큰 마을인 포랑향(布朗鄉)이 있다. 포랑산 특유의 쓴맛이 강렬하지만 향기로운 뒷맛이 아주 좋다. 랍호족(拉祜族)이 주류인 마을인데 현재 노채에는 차밭만 남아 있고 모든 주민들이 신채로 이주하여 살고 있다. 근처에 그야말로 야생 상태인 노천 온천이 있는데, 시간이 허락하면 차산 탐방에 지친 심신을 잠시 쉴 수도 있다.

만송

만송은 현재 윈난성 서쌍판납 맹랍현 상명 이족향 만전촌위원회 소속이다. 이 지역은 17세기 청나라 시기부터 황실에 차를 납품했던 곳으로 알려져 있다. 황가다원(皇家茶园)이 위치했던 지역으로 핵심 지역으로는 왕자산, 배음산 그리고 만랍 근처의 태족 마을 한 곳으로 모두 세 곳입니다. 한때는 의방에 소속되었으며 만송 노채에 이족의 한 계열인 "향당족"이란 소수민족이 좋은 품종의 차를 식재하여 일년에 5톤정도의 차를 황실에 공차로 바쳤다는 기록이 있다. 현재는 32가구 170명 정도가 산 아래로 이주하여 살고 있는데, 마을 주민들이 거주하고 있는 만송 신채의 해발은 900m 전후이고 지금은 철거되고 없는 노채의 해발은 1300m 전후이다. 한때는 의방을 중심으로 수많은 차농과 차상들이 구름처럼 모여들었던 곳이다. 그러나 역사의 소용돌이 속에서 잊혀졌다가 1950년대 맹해차창 설립 초기에 역사의 기록을 바탕으로 만송 지역의 원료를 일부 사용했다는 설이 있지만 어떤 차를 만들었다는 내용은 알려지지 않았다.

만송 지역이 다시 유명해지기 시작한 것은 2003년 "운남민족출판사"에서 발행한 "판납문사자료선집(版納文史資料選輯)"이란 책이 알려지기 시작하면서다. 이 책의 내용 중에 수많은 공납 차들 중에서도 황제가 특별히 총애한 차가 만송 지역의 차였다고 기록되어 있다. 황실에서 이 지역 차를 선호하면서 과도한 세금정책, 부족 간의 전쟁과 질병, 청일전쟁, 식수원의 문제 그리고 80년대부터 시작된 중국정부의 산간벽지

1999년 의방 만송 야생보이차

이주정책으로 그나마 남아있던 소수의 주민들마저 모두 산 아래로 이주하였다.

이천 년대 이후 보이차에 대한 관심이 높아지고 고육대차산 지역이 보이차의 고향으로 알려지면서 보이차를 좋아하는 많은 사람들이 다시 이 지역에 관심을 가지게 되었다. 그중에서도 만송은 "칙도차업유한공사則道茶業有限公司"에서 2007년부터 대규모 투자를 시작하면서 지금은 보이차를 좋아하는 사람은 모르는 사람이 없을 정도가 되었다. 유명세를 치르면서 가격도 천정부지로 치솟았는데 현재 만송 고수차 1kg 가격이 천만 원을 호가하는 시대가 되었습니다. 그러면서 여러가지 문제들이 발생하였다. 2011년 "칙도차업"에서 만송차에 대한 상표등록을 하여 2018년부터는 중국 법원에 요청하여 다른 사람들이 만송이란 지명을 사용할 수 없도록 하였다. 조상 대대로 그 지역에 살고 있는 주민들조차 만송이란 지명을 사용할 수 없게 되자 보이차를 좋아하고 연구하는 사람으로 알려진 석일룡(石一龍)이란 분이 지역 주민을 안타깝게 여겨 자비로 중국 정부에 "칙도차업"의 만송차 상표권 무효 소송을 진행하여 승소하였다고 한다. 그래서 지금은 누구나 만송이란 지명을 넣은 차를 출시할 수 있다. 만송이란 지역을 예로 들어서 설명드렸지만 라오반장이나 빙다오 등 어떤 한 지역이 유명해지면 여러가지 문제들이 발생한다. 과채엽으로 인한 품질의 저하는 물론이고 주변 지역의 차까지 유명 지역의 차로 둔갑되는 것은 어제오늘의 문제가 아닙니다. 진정한 만송 고수차의 생산량에 대해서는 설왕설래가 많습니다. 적게는 5kg에서 많게는 200kg까지 추산하는데, 그 옛날 무성했던 역사를 상기하면 아주 적은 양이다. 제가 짐작하기로는 "칙도차업"에서 개발을 시작하면서 번호표를 부착한 300여 그루와 그 후로 발견된 고수차까지 합치면 500여 그루는 될 것 같다. 이 지역은 대부분 국유림 속의 원시삼림지대라서 차나무가 굵지는 않고 키가 높게 자란 것이 특징이다. 그래서 그루당 채엽량은 아주 적습니다. 생산량은 한 그루에 모차 200그램 정도로 추산하면 현재 매년

100kg 전후로 생산될 것 같습니다. 중수차 급으로 분류되는 것은 대략 500kg, 그리고 이천년 이후에 식재된 소수차들은 최소 몇 톤은 될 것 같습니다. 찾는 사람은 많고 생산량은 턱없이 적다 보니 현재 이 지역의 소수차 가격도 1kg에 한국 돈 50만 원 정도에 거래된다. 상황이 이렇다 보니 이무 쪽 차농뿐만 아니라 외지의 상인들도 너도나도 만송차 생산에 열중하고 있다.

만송에서도 가장 유명한 지역은 왕자산 쪽인데 명나라가 멸망하면서 청나라 병사들에게 쫓기던 왕자가 이곳에서 일반 주민의 집에 숨어 살다가 결국은 잡혀서 피살되고 그의 무덤을 이산의 꼭대기에 묻으면서 생겨난 이름이라고 한다. 그래서 청나라 황실에서는 특별히 이 지역의 차를 좋아했을까요? 나라를 잃어버리고 쫓기던 왕자의 슬픈 사연이 서려있는 땅 만송차 이야기다.

노반장(老班章)

포랑산맥의 합니족(哈尼族) 마을인 노반장의 현재 가구 수는 132가구로 몇 년 전보다 10여 가구 증가하였다. 마을 사람이 결혼하여 분가한 것인데, 다른 농촌 마을이라면 결혼하면 분가하여 다른 곳으로 이사를 하는 경우가 많다. 그러나 가구당 1년 평균 소득이 4억에 육박하는 마을에서 다른 곳으로 이사를 하기는 쉽지 않을 것 같다. 노반장 고차원은 비교적 규칙적으로 반장(班章)의 '환채도로(環寨道路)' 양측에 분포돼 있다. 이 '환채도로'는 노반장의 산간 마을을 가운데 두고 둘러싼 약 8km의 길이로, 서북쪽의 입구를 통과하여 맹해현 맹혼진까지 연결되어 있다.

빙도(冰島)

운남성 임창시 맹고현(勐庫縣)에 위치한 빙도는 빙도노채(水島老寨), 남박(南迫), 지계(地界), 나오(糯伍), 패왜(壩歪) 등 다섯 개 마을을 말한다. 해발 1,750m 빙도노채를 중심으로 주변에 있는 네 개 마을을 포함한 지역에서 생산되는 차를 일반적으로 빙도차라고 한다. 빙도노채라고 부르는 본 마을은 70% 정도가 랍호족(拉祜族)이며, 56가구에 300명 정도가 살고 있다. 최근에 많이 알려지면서 봄차 철에는 매일 300명 정도가 방문할 정도로 붐비는 촌이 되었다. 마을 주변에 2,000여 그루의 고수차가 있는데, 봄차 생산량은 1톤 정도이다.

©2018 박홍관 – 수령 1750년 방동 지역 차왕수

양생(養生)묘품(妙品) 보이차

: 주홍걸(周紅杰)

주홍걸(周紅杰), 2급교수, 박사반 지도교수, 남경대학 MBA겸임교수, 운남성 중청년학술기술
리더, 운남성급 교학(敎學)명사, 첫 번째 "운령(雲嶺)산업기술 영군(領軍)인재"이다. 2005년
제1회 '전국보이차10대걸출인물'이자 동시에 '차마상(茶馬賞)'을 받았다.
현재 운남농업대학 보이차학원, 운남보이차연구원 부원장직에 재직 중이다.

　　보이차는 운남 특유의 지리적 마크 사용상품이기에 보이차 산지의 환경조
건에 부합한 운남대엽종 쇄청차(曬靑茶)를 원료로 해서 특정한 가공공예에 따
라 생산하는 독특한 품질적 특징을 구비한 찻잎이다. 보이차는 생차와 숙차
두 가지로 구분된다. 모두 찻잎의 공통적 특성을 가지고 있지만 기타의 차 종
류와는 완전히 다른 자기만의 선명한 특색을 지니고 있다. 보이차의 특성은
주로 아래 몇 가지 방면에 체현돼 있다.

1.운남 대엽종은 보이차를 생산하는 차나무 품종이다.

보이차 지리표지상품 보호범위는 북위21° 10′ ~21° 22′, 동경97° 31′ ~105° 38′의 구역으로, 운남 경내의 운남 대엽종차 재배와 보이차 가공에 적합한 구역을 포괄하고 있기에, 아름다운 칠채(七彩)운남이 가장 아름답고 건강하며 양생제일의 보이차를 생장하게끔 한다.

운남 대엽종의 특징은 "잎몸이 투실하고 싹머리가 비대하며 줄기가 거칠고 마디사이가 길며, 발아가 이르고 백호가 많으며 육아력(育芽力)이 강하며, 생장기간이 길고 지눈성(持嫩性)이 양호하고 내포한 물질이 풍부하기에, 생산량이 높고 품질이 우수해서 제다하기에 아주 적합하다. 생엽 중에 수침출물(水浸出物), 폴리페놀, 카테킨 함량 모두가 국내의 기타 우량 차나무 품종보다도 더 높아서 일반적으로 수침출물이 45% 정도, 폴리페놀이 30%이상, 카테킨 함량은 매 그램당 150~170밀리그램, 카페인은 3.5~4%이며, 일반차(에 비해) 폴리페놀은 5~7% 높고, 카테킨 총량은 30~60% 높으며, 수침출물은 3~5% 높다.

목전에 생산상 응용이 비교적 많은 것으로는 맹고(勐庫) 대엽차, 맹해(勐海) 대엽차, 봉경(鳳慶) 대엽차, 운항(雲抗)10호, 운항14호, 장엽백호(長葉白毫) 등등으로 다들 보이차 제다에 적합한 품종으로 모두가 좋은 보이차를 생산하고 있다.2.운남 대엽종 쇄청차는 보이차를 생산하는 원료이다.

운남 대엽종 쇄청차 원료는 보이차를 형성하는 기초이다. 운남 대엽종 쇄청차는 운남 대엽종 생엽을 고온에 살청 한 후 유념과 일쇄(日曬)방식의 건조를 거쳐 제작한 가닥형 모차(毛茶)와 분사(分篩)정리와 병배(拼配) 등 정제공예를 거쳐 만든 가닥형 정제차(혹은 완제차)이다.

보이차 원료의 한정은 세 가지 조건이 있다.

　1) 보이차 원료 및 그 가공용 생엽은 반드시 지리보호범위 내에서 나온 것이어야 한다.

　2) 보이차 원료의 차나무 품종은 반드시 교목형과 소교목형 대엽종차를 포괄한 운남 대엽종차이어야 한다.

3) 보이차 원료의 초제 건조공정은 반드시 쇄청이어야 한다.

보이차 원료의 세 가지 조건은 동시에 구비된 하나라도 없어서는 아니 되는 불가분의 유기적 총체이다. 그중에 어느 한 항목이라도 모자라고 원료가 지리표지상품 보호구역외에서 나온 것이라면, 원료가 운남 대엽종 차나무 품종이 아니라면, 원료 건조공정이 쇄청이 아닌 홍청(烘青)이나 초청(炒青) 내지는 기타 차 종류의 것이라면, 전부다 보이차 원료가 될 수 없다. 또한 보이차 원료 세 가지 요소 중 그 어느 한 항목에도 부합하지 않는 걸 원료로 해서 가공한 찻잎 역시 보이차가 아니다.

둘째, 보이차의 품질특성은 가공 공예로 결정된다.

보이차는 운남 대엽종 쇄청 모차를 기질(基質)로 한 후발효를 거친 찻잎으로, 그 화학물질의 출처 루트는 세 가지이다.

1)찻잎 자체가 보류한 것.

2)미생물 고체가 찻잎에 발효 작용하여 전화(轉化)해서 형성된 것.

3)고체발효 미생물 자체의 고유물질 및 그 생명활동 신진대사에 참여하여 생겨난 물건.

운남 대엽종 차나무 생엽이 함유한 풍부한 화학물질은 보이차 품질형성의 초석으로서, 미생물 고체 발효인즉 보이차 특색 품질형성의 관건이다. 보이차 품질형성의 메카니즘은 보이차안에 함유된 물질이 양생물질의 다양성을 드러내어 기타의 차 종류와는 색다른 차이를 형성한다.

2.미생물 고체발효는 보이차를 생산하는 핵심공예이다.

고체발효는 운남 대엽종 쇄청차 혹은 보이생차가 특정한 환경 조건하에서 미생물, 효소, 습열, 산화 등 종합작용을 거쳐 그 안에 함유된 물질이 일련의 변화가 발생하여 보이숙차 특유의 품질특징 과정을 형성한다.

보이차 미생물 고체발효 과정 중에 주로 폴리페놀을 주체로 한 일련의 복잡하고 극렬한 생물전화반응과 산화 반응 및 다당류의 전화누적이 발생한다. 생물전화는 미생

물이 분비한 포외(胞外)효소가 진행하는 효소 촉진화 반응을 위주로 한다. 고체발효에 참여한 미생물은 보이차 품질형성에 대해 직간접적으로 작용을 한다.

보이차 미생물 고체발효에 참여한 주요 미생물로는 흑곡미(黑曲黴)(Bacteriuniger), 효모(Saccharomyces), 근미(根黴)(Rhizopus), 청미(靑黴)(Penicillium), 세균(Bacterium), 회녹곡미(灰綠曲黴)(Aspergillium gloucus), 토곡미(土曲黴)(Aspergillium Terreus), 백곡미(白曲黴)(aspergillium candidus) 등등이 있다.

보이차 후발효 과정(미생물 고체발효) 중에서 흑곡미 수량은 시종 우세한 지위에 처해 있는바, 흑곡미는 가히 포내(胞內) 포외(胞外) 두 종류의 효소를 생산하며 20종 가량의 가수분해(加水分解)효소가 있다. 그중에 포도당 아밀라제, 섬유소 효소와 펙틴효소는 가히 다당 지방 단백질 천연섬유 펙틴과 비가용성 화합물을 포함해서 모두 분해하여 찻잎 안에 내포한 유효성분이 쉽사리 스며나오고 확산토록 해서 차탕의 맛을 증강시켜주고, 보이차가 달고 매끄러우며 진한 품질 특색을 형성하는데 견실한 물질적 기초를 다지게끔 한다.

보이차 후발효(미생물 고체발효) 과정 중에 페니실린은 여러 가지의 효소류와 유기산을 산출하는 동시에 산황청미(産黃靑黴) 대사(代謝)로 생겨난 페니실린은 잡균과 부패균에 대해 가능한 양호한 제거와 생장억제작용이 있을 수 있다. 이 때문에 우리들은 산황청미가 보이차의 순화(醇和) 품질형성에 대해서 보조역할이 있다고 간주한다.

효모는 보이차 품질형성의 중요 균종이다. 보이차가 달콤하고 진하며 오래 묵힌 향

의 품질특성은 직접적으로 효모균과 밀접한 관계이다. 효모균 자생에 유리한 환경을
제공하여 신속하게 번식하게끔 하면 가공 중에 찻잎의 품질이 향기롭고 달콤하며 진
하고 깊은 특징을 드러내게 된다.

셋째, 보이차의 저장특성

　　보이차는 기타의 차 종류와 서로 비교해 볼 때, 특별히 저장하는데 오래간다. 표준
에 부합한 과학적 합리적인 저장 조건하에서 보이차는 장기 보존하는데 적합한데, 그
의 이런 특성은 일정 시간의 저장을 거친 보이차에서 표현되는데 그 품질이 한층 업
그레이드돼서[후열(後熱)작용] 품질의 업그레이드됨에 따라서 가치 또한 업그레이드
된다. 일정 저장기간 동안 보이차는 "오래 묵힐수록 더욱 향기로운"변화특징을 구비
하게 되는데, 장기간의 저장은 보이차의 화학성분으로 하여금 계속해서 완만한 산화
작용을 진행토록 하고 또 화학구성이 변해 더욱 조화롭게 되서 입맛과 자미(滋味)가
더 진해져 오래 묵힌 향이 더 두드러진다. 보이차는 음용성과 소장성 이중 공능을 구

비하고 있어 중국국가표준규정의 유일한 장기보존이 가능한 찻잎 종류가 됐으며, 또한 세계 식품류 중에서 손에 꼽히는 가히 장기보존 가능한 상품 중에 하나가 됐다.

1.보이차 저장과정 중 품질의 변화

보이차 후발효 가공 중에 열화작용 및 자동산화작용은 폴리페놀류 물질로 하여금 적정산화 취합하여서 유색물질을 생성하게 한다. 보이생차는 저장한지 반 년 후에는 Theaflavin과 thearubigin 그리고 Theabrownnine이 원료에 비해서 각기 54.7%, 12.6%, 25.5%나 증가하였고, 보존시간이 길어짐에 따라서 자동적으로 산화작용이 황색소(黃色素), 홍색소(紅色素)로 하여금 분해되거나 아니면 단백질 아미노산 등 작용이 차츰차츰 갈색소(褐色素)를 형성하게 한다. 보이차는 저장 과정 중에 함수량 및 저장온도의 변화에 따라 가용성 당(糖)의 함량이 현저하게 변화를 보이는데, 전반적인 추세는 저장시간의 연장에 따라서 하강한다.

상온(常溫)에 비교해서 냉동이나 냉장을 막론하고 여전히 45°C 조건하에 보이차를 저장하는데, 일정한 시간 안에 보이차를 저장하게 되면 차탕 색깔이 모두 밝게 변하는 추세를 보이게 된다. 맛은 진하거나 매끄러운 느낌을 보이고 다만 정도 상에 약간 차이가 날 따름이다. 향기는 저온 하에 묵힌 향이 현저해지고, 고온 하에선 묵힌 향이 감퇴하게 된다. 보이차 품질형성은 일정한 저장시간이 필요하며 저장시간의 길이는 보이차 품질에 대해 일정한 영향을 끼친다.

2.보이차 저장에 끼치는 환경요소

일반적인 생각으로는 보이차는 오래 묵힐수록 더욱 더 좋다고 여기는데, 허나 찻잎의 질적인 변화와 수분, 온도, 공기, 광선은 밀접한 관계가 있다. 청결한 공기는 보이차 품질의 형성과 유지에 유리하다. 그래서 보이차를 저장하는 환경은 매우 중요하다. 동시에 보이차를 저장하는 주위의 환경은 이상한 냄새가 있어서는 아니 되는바 그렇지 않으면 보이차가 이상한 냄새를 흡수하여 질적인 변화를 가져오게 된다. 보이차를 방치하는 온도가 너무 높거나 너무 낮아서도 아니 되나니 20~30°C사이가 가장 좋다. 너무 높은 온도는 찻잎의 산화를 가속시켜 유효물질의 감소로 보이차 품질에 영향을 주게 된다.

일조(日照)는 보이차 내부의 여느 화학성분에 변화를 주게 된다. 보이차가 햇빛의 비침을 받은 후에는 그 빛깔과 맛이 모두 현저한 변화를 가져오게 되어 고유의 풍미와 신선도를 잃어버리게 된다. 이런 까닭에 보이차는 반드시 햇볕을 피해 저장해야만 한다. 습도는 보이차 품질형성의 중요한 인자(因子)이다. 양호한 보이차 품질형성은 연평균 습도가 75%이하로 통제해야한다. 그래서 보이차 저장 시 더욱 마땅히 주의해야 할 것은 제 때에 창문을 열어 통풍시켜 수분을 발산시켜야 한다는 점이다.

넷째, 보이차의 감관(感官) 품질특성

우림 생차

보이숙차는 외관형태에 따라 보이산차와 보이긴압차로 구분된다. 보이산차는 품질특징에 따라 특급과 1급에서 10급까지 총 11등급으로 구분한다. 보이긴압차는 등급을 매기지 않으며 외형상 둥근떡형, 사발형, 사각형, 기둥형 등 여러 가지 모양과 규격이 있다.

보이생차 긴압차는 외형의 빛깔이 묵녹(墨綠)색에 형상이 반듯하고 고루 균형 잡혔으며, 적당한 신축성에 기층단면이 떨어지지 않는다. 겉면을 뜯어내도 차포심(茶包心)이 밖으로 드러내지 않는다. 내질(內質)의 향기가 청순하며 맛이 농후하며 탕 색깔이 아주 맑고 깨끗하며 엽저(葉底)가 두툼하니 황록색을 띤다.

　보이숙차는 외형이 홍갈색에 산차는 가닥이 단단하게 잘 말려있고 긴압차는 외형이 반듯하니 균실하며 적당한 신축성에 기층단면이 떨어지지 않는다. 겉면을 들어내도 차포심이 밖으로 드러내지 않는다. 내질의 탕색은 진한 붉은 색에 아주 맑고 깨끗하며, 향기는 독특한 묵은 향을 띠며 맛이 진하고 감칠맛이 돌고 엽저는 홍갈색을 띤다.

다섯째, 보이차 양생보건 특성

　보이차와 기타의 차 종류와의 차이점은 유효물질의 소분자화로 표현된다. 즉 에스테르형 카테킨, 다당류 등 대분자의 분해이다. 쓰고 떫은 종류의 물질은 감소하고 단맛의 물질이 증가한다. 유익한 물질의 전화생성은 마치 과당 같다. 향기로운 맛의 물질형성은 마치 미생물 대사로 생성된 장뇌향, 첨향(甛香) 등 물질이다. 소분자의 활성이 강하기에 소분자 물질의 증가는 보건적 각도로 볼 때 보건적 효과를 증가시켰다. 다당 물질의 증가 더욱이 과당의 증가는 면역력을 증가시키는 특수한 의미를 지니고 있다.

　차가 인류에 의해 발견되어 오늘에 이르기까지 사용되어지면서 제일 관건이 된 건 다름 아닌 보건적 효과가 다수 있다는 점이다. 임건량(林乾良) 교수는 차의 치료효과를 아래 몇 가지로 귀납하였다. 즉 : 잠을 적게 해주고, 정신을 편안하게 해주고, 눈을 맑게 해주고, 머리가 시원하게 해주고, 갈증을 없애주고 침이 나오게 해주고, 열을 내려주고, 더위를 식혀주고, 독을 해소시켜주고, 음식을 소화시켜주고, 살을 빼주고, 마음을 진정시켜주고, 이수(利水), 통변, 거담작용과, 풍을 없애주고 표피의 사기(邪氣)와 열을 발산 해제시켜주며, 치아를 강건하게 해주고, 심장의 통증을 치료해주고, 종창을 치료해주고 마비증상을 치료해주고, 허기짐을 치료해주고, 기력을 더해주고, 수명을 더해주며 그리고 기타 등등... 현대 영양보건과학과 의약위생학 영역의 연구결과, 보이차는 기타의 차종류와 같이 이상의 공능을 지니고 있는 거 외에도 달리 더 지방을 내려주어 체중을 줄여주고, 혈압강하, 항동맥강화, 암 방지, 항암, 치아 건강과 보호, 소염, 살균, 위 보호와 건위, 항노화 등 현저한 보건효과를 갖추고 있는바, 이런 차들은 날로 더욱더 세인들의 주목을 받아서 '다이어트차', '익수차(益壽茶)', '요조차(窈窕茶)', '미용차(美容茶)'라고 찬미 받고 있다.

결론적으로 말해서, 보이차 원료, 가공, 품질 및 보건 모두 일반적인 차 종류와는 다른 특징을 갖고 있는바, 개성이 뚜렷한 차상품으로서의 보이차는 제품의 구역성, 원료의 특정성, 전화(轉化)의 다원성, 품질의 다변성, 형태제작의 다양성, 장기적인 보존성, 변화의 지구성, 풍미의 독특성, 품음(品飮)의 평화성, 내용의 풍부성, 보건적 고효용성, 문화의 심후성, 역사의 유원성, 무역의 국제성 등등의 제반 특성을 구비하고 있다. 하여 차가 지리적 지표상품이 되어 특수한 보호를 받고 있는 것은 과학적이고 합리적인 생각이다.

养生妙品普洱茶

周红杰，二级教授，博士生导师，南京大学MBA兼职导师，云南省中青年学术技术带头人、云南省级教学名师，首批"云岭产业技术领军人才"。2005年首届"全球普洱茶十大杰出人物"并获"茶马奖"

现任云南农业大学普洱茶学院、云南普洱茶研究院副院长。

：周红杰

普洱茶是云南特有的地理标志产品，是以符合普洱茶产地环境条件的云南大叶种晒青茶为原料，按特定的加工工艺生产，具有独特品质特征的茶叶。普洱茶分为普洱茶（生茶）和普洱茶（熟茶）两类。其具有茶叶的共性，但又与其他茶类不尽相同，具有自己鲜明的特色，普洱茶的特性主要体现在以下几个方面。

一、普洱茶的原料特性

1、云南大叶种是生产普洱茶的茶树品种

普洱茶地理标志产品保护范围为北纬21°10′-21°22′，东经97°31′-105°38′的区域，覆盖了云南境内适合云南大叶种茶栽培和普洱茶加工的区域，优美的七彩云南生长出最美，最健康的，最养生的普洱茶。

云南大叶种的特点是"叶肉厚实、芽头肥大、茎粗节间长、发芽早、白毫多、育芽力强、生长期长、持嫩性好、内含物质丰富，产量高、品质优、适制性广。鲜叶中水浸出物、多酚类、儿茶素含量均高于国内其他优良茶树品种，一般水浸出物45%左右，茶多酚类在30%以上，儿茶素含量每克达150～170毫克，咖啡碱3.5%～4%，一般茶多酚类高5%～7%，儿茶素总量高30～60%，水浸出物高3～5%。

目前生产上应用较多的有勐库大叶茶、勐海大叶茶、凤庆大叶茶、云抗10号、云抗14号、长叶白毫等适制普洱茶的品种，都能生产好的普洱茶。

2、云南大叶种晒青茶是生产普洱茶原料

云南大叶种晒青茶原料是形成普洱茶的基础。云南大叶种晒青茶是云南大叶种鲜叶高温杀青后，经揉捻、日晒方式干燥制成的条形毛茶，和经分筛整理、拼配等精制工艺制成的条形精制茶（或成品茶）。

普洱茶原料的限定有三个条件：普洱茶原料及其加工用鲜叶必须产自地理保护范围内；普洱茶原料的茶树品种必须是云南大叶种茶，包括乔木型和小乔木型大叶种茶；普洱茶原料的初制干燥工序必须是晒青。

普洱茶原料的三个条件是同时具备、缺一不可和不可分割的有机整体。缺少其中任何一项，原料来自非地理标志产品保护范围外的，原料不是云南大叶种茶树品种的，原料干燥工序不是晒青而是烘青、炒青乃至是其它茶类的，都不能作为普洱茶原料。亦即以不符合普洱茶原料三要素任何一项为原料加工的茶叶，都不是普洱茶。

二、普洱茶的品质特性由加工工艺决定

普洱茶是以云南大叶种晒青毛茶为基质，经后发酵的茶叶，其化学物质来源途径有三条：一是茶叶自身保留下来的，二是微生物固态发酵作用于茶叶转化

形成的，三是参与固态发酵微生物自身固有物质以及生命活动代谢产物。云南大叶种茶树鲜叶含有的丰富的化学物质是普洱茶品质形成的基石，微生物固态发酵则是普洱茶特色品质形成的关键，普洱茶的品质形成机理，使其普洱茶内含物呈现养生物质多样性，与其它茶类形成差异。

1、普洱茶加工工艺流程

普洱茶（生茶）加工工艺：原料拼配—筛分—半成品拼配—蒸压—干燥—包装—贮藏。

普洱茶（熟茶）散茶的加工：原料准备—潮水—微生物固态发酵—干燥—筛分—拣剔—拼配—包装—仓贮陈化。

普洱（熟茶）紧压茶的加工：原料付制—筛分—拼配—润茶—蒸压—干燥—包装—仓贮陈化。

2、微生物固态发酵是生产普洱茶的核心工艺

固态发酵是指云南大叶种晒青茶或普洱茶（生茶）在特定的环境条件下，经微生物、酶、湿热、氧化等综合作用，其内含物质发生一系列转化，而形成普洱茶（熟茶）独有品质特征的过程。

普洱茶微生物固态发酵过程中主要发生了以多酚类为主体的一系列复杂剧烈的生物转化反应和氧化反应，以及茶多糖的转化积累。生物转化是以微生物分泌的胞外酶进行的酶促催化反应为主。参与固态发酵的微生物对普洱茶品质形成都直接或间接地起作用。

参与普洱茶微生物固体发酵的主要微生物有：黑曲霉(Aspergillium niger)、酵母（Saccharomyces）、根霉（Rhizopus）、青霉（Penicllium）、细菌（Bacterium）、灰绿曲霉（Aspergillium gloucus）、土曲霉（Aspergillium Terreus）、白曲霉（Aspergillium candidus）等。

在普洱茶后发酵（微生物固态发酵）过程中，黑曲霉数量始终处于优势地位，黑曲霉可以产生胞内、胞外两类酶，有20种左右的水解酶，其中葡萄糖淀粉酶、纤维素酶和果胶酶，可以分解包括多糖、脂肪、蛋白质、天然纤维、果

胶和非可溶性货合物，使茶叶内含有效成分易于渗出、扩散，为增强茶汤的滋味和形成普洱茶甘滑、醇厚的品质特色奠定了坚实的物质基础。

普洱茶后发酵（微生物固态发酵）过程中青霉产生多种酶类及有机酸，同时，产黄青霉代谢产生的青霉素对杂菌、腐败菌可能有良好的消除和抑制生长作用。因此，我们认为产黄青霉对普洱茶醇和品质形成有辅助作用。

酵母属是普洱茶品质形成的重要菌种。普洱茶甘甜、醇厚、陈香的品质特点直接与酵母菌息息相关。当提供有利于酵母菌滋生的环境，使其迅速繁殖，加工中茶叶的品质表现为香甜、醇厚的特点。

三、普洱茶的贮藏特性

普洱茶和其他茶类相比，特别耐贮藏。在符合标准的科学合理的贮存条件下，普洱茶适宜长期保存，它的这种特性表现在经过一定时间贮藏的普洱茶品质会得到提高（后熟作用），随着品质的提高价值也就得到提升。在一定贮藏期内，普洱茶具有"越陈越香"的变化特征，长时间的贮放可使普洱茶的化学成分继续进行缓慢的氧化作用，并使化学组成变得更协调，口感和滋味更醇和，陈香更显著，普洱茶具有饮用性和收藏性双重功能成为我国国家标准规定唯一可长期保存的茶叶种类，也成为世界食品类中屈指可数的可长期保存的产品之一。

1、普洱茶贮藏过程中品质的变化

在普洱茶后发酵加工中热化学作用及自动氧化作用使多酚类物质适度氧化聚合生成有色物质，普洱茶（生茶）贮放半年后的茶黄素、茶红素及茶褐素比之原料分别增加了54.7%，12.6%和25.5%，随存放时间延长，自动氧化作用使黄色素、红色素降解或与蛋白质氨基酸等作用逐步生成褐色素。普洱茶在贮藏过程中随含水量及贮藏温度变化可溶性糖的含量发生明显的变化，总的趋势是随着贮藏时间的延长而下降。

与常温相比，无论冷冻、冷藏还是45℃条件下贮藏普洱茶，在一定的时间内贮藏普洱茶汤色都有变亮的趋势；滋味出现醇或滑的感觉，只是程度稍有差异而已；香气则在低温下陈香明显，高温下陈香气减退。普洱茶品质的形成需要一定的贮藏时间，贮藏时间的长短对普洱茶品质有一定的影响。

2、影响普洱茶贮藏的环境因素

一般认为普洱茶越陈越好，但茶叶质变与水分、温度、氧气、光线密不可分。清洁的空气有利于普洱茶品质的形成和保持，因此贮藏普洱茶的环境非常重要。同时贮藏普洱茶的周围环境不能有异味，否则普洱茶会吸附异味而变质。普洱茶放置的温度不可太高或太低，最好保持在20℃～30℃之间，太高的温度会使茶叶氧化加速，有效物质减少，影响普洱茶的品质。

光照能使普洱茶内部的某些化学成分发生变化。当普洱茶受日光照射后，其色泽、滋味都会发生显著的变化，失去其原有风味和鲜度。因此，普洱茶一定要避光贮藏。湿度是普洱茶品质形成的重要因子。良好普洱茶品质的形成需年平均湿度控制在75%以下。所以普洱茶的贮藏更应注意及时开窗通风，散发水分。

四、普洱茶的感官品质特性

普洱茶（熟茶）按外观形态分普洱散茶、普洱紧压茶。普洱散茶按品质特征分为特级、一级至十级共十一个等级。普洱紧压茶不分等级，外形有圆饼形、碗臼形、方形、柱形等多种形状和规格。

普洱茶（生茶）紧压茶外形色泽墨绿，形状端正匀称、松紧适度、不起层脱面；撒面茶包心不外露；内质香气清纯、滋味浓厚、汤色明亮，叶底肥厚黄绿。

普洱茶（熟茶）外形色泽红褐，散茶条索紧结坚实，紧压茶外形端正匀实、松紧适度、不起层脱面；撒面茶包心不外露；内质汤色红浓明亮，香气独特陈香，滋味醇厚回甘，叶底红褐。

五、普洱茶养生保健特性

普洱茶与其他茶类的差异，表现为有效物质的小分子化。即酯型儿茶素、多糖等大分子的降解；苦涩类物质的减少，甜味物质的增多。有益物质转化生成，如寡糖；香味物质的形成，如由微生物代谢生成的樟香、甜香等物质。由于小分子活性强，小分子物质的增加，从保健角度增强了保健的效果；多糖物质的增加，尤其是寡糖的增多，对提高免疫有特殊的意义。

茶自被人类发现利用延续至今，最关键的就是它具有诸多保健功效。林乾良教授将茶的疗效归纳为以下几个方面，即：少睡，安神，明目，清头目，止渴生津，清热，消暑，解毒，消食，去肥腻，下气，利水，通便，去痰，祛风解表，坚齿，治心痛，疗疮治瘘，疗饥，益气力，延年益寿及其它。据现代营养保健科学和医药卫生科学领域研究发现，普洱茶除了和其它茶类一样具有以上功能外，普洱茶还具有降脂减肥、降压、抗动脉硬化、防癌、抗癌、健齿护齿、消炎、杀菌、护胃、养胃、抗衰老等显著的保健功效，该茶日益受到世人的青睐，被美誉为"减肥茶"、"益寿茶"、"窈窕茶"、"美容茶"。

总之，普洱茶原料、加工、品质和保健都有其不同于一般茶类的特征，普洱茶是个性鲜明的茶品，其具有产品区域性、原料特定性，转化多元性，品质多变性，形制多样性，长期保存性，变化持久性，风味独特性，品饮平和性，内涵丰富性，保健高效性，文化深厚性，历史久远性，贸易国际性，其作为地理标志产品，受到特殊保护，是科学合理的。

주홍걸 교수의 보이차 교과서

: 주홍걸(周紅杰)

보이차의 평가, 훈련된 전문 인력이 종합적으로 사람의 시각, 후각, 미각, 촉각을 응용을 통해
보이차 찻잎의 외형과 내질을 근거로 찻잎의 품질이 좋고 나쁨을 판단하는 하나의 방법이다.

보이차 품평

차 품평의 목적은 두 가지이다. 하나는 제다 공정 중에 개선할 의견을 내어 고품
질 생산을 유도하는 것이다. 또 하나는 시장판매를 위한 길 안내, 매개의 작용이다.
구체적으로 말해서 차를 품평하는 과정은 주요하게 건차(마른찻잎) 품평과 차를 우려
서 하는 차탕의 품평으로 나뉜다.

1. 품차원의 요구 조건

(1) 전체적인 전문 지식을 가져야 한다.
(2) 민감하고 날카로운 감각기관과 건강한 신체를 가져야 한다.
(3) 자율적으로 나쁜 취미를 금해야 한다.

(1) 품다실의 요구조건

차엽 감관 심평실 환경의 요구조건은 《GB/T 18797-2012 차엽감관 품평실 기본조건》에 따라서 규정하여 배치한다. 자연광이 균일하고, 충분해야 하며 직사광선을 피하도록 한다. 또 청결해야 하고, 건조하고, 습기가 없어야 한다. 공기는 신선해야 한다. 품차원의 주의력 분산시켜 품차 결과의 정확성에 영향을 주는 것을 피하기 위해 실내를 조용하게 유지하여야 한다.

(2) 품차에 쓰이는 기구

건평대 습평대 샘플찬장 그릇찬장 품평반 품평배완   탕완 차저울 등 품차에 쓰이는 기구

• 건평대(乾評臺) : 차엽의 외형을 품평하게 위해 품평 실내의 창가 가까이 건평대를 설치해야 한다. 차통, 샘플차반을 두기 위해 쓴다. 건평대의 표면은 일반적으로 검은 색으로 칠한다.
• 습평대(濕評臺) : 품평배, 완을 놓기 위함이며, 찻잎의 내질을 품평하게 위해 습평대 표면은 일반적으로 백색 타일을 붙이며, 물이 새지 않아야 하고 다른 잡내가 나지 않아야 한다.

– 습평대 –

– 샘플찬장 –

• 샘플찬장 : 품평실 내에 찻잎 샘플통을 놓기 위해 샘플 찬장이나 혹은 차 샘플 꽂이가 구비 되어야 한다.

• 그릇찬장 : 품평배완, 탕완, 찻숟가락, 거름망 등을 놓기 위함이다. 상하 좌우가 통풍이 되어야 하고, 잡내가 없어야 한다.

• 품평반 : 찻잎의 외형을 품평하기 위해 쓰며, 목판(칠을 하지 않은 것)으로 만들며, 정사각형과 직사각형 두 가지가 있으며, 품평반의 한 구석은 구멍을 내어 찻잎을 따라내기 편하게 한다.

• 품평배 : 품평배는 특제로 만든 백색 원형 기둥형의 자기 잔이고, 배의 뚜껑은 작은 구멍이 있으며, 배의 손잡이 반대편의 입구에 이빨모양 혹은 활모양의 구멍이 있으며, 용량은 150ml혹은 200ml이다.

• 품평완 : 넓은 입구의 백색 자기 완으로, 완의 입구는 완의 바닥보다 약간 크며, 용량은 일반적으로 150ml~200ml이다.

• 탕완 : 백색 자기 완으로, 완내에 찻숟가락, 거름망을 넣고, 사용할 때 끓는 물을 넣어 깨끗하게 소독하는 작용을 한다.

– 품평판 –

– 품평배와 품평완 –

• 찻숟가락 : '탕숟가락'이라고도 하며, 차탕을 뜨기 위함으로 맛을 품평하는 백색 자기 숟가락이다. 금속 숟가락은 열전도가 너무 빨라서 맛 품평에 방해가 되기 때문에 사용에 적당하지 않다.

• 차저울 : 차를 우려 품평할 차의 무게를 달기 위해 사용하며, 민감도 0.1g의 쟁반저울(즉, 약품 천칭)이나 전자저울을 사용한다.

－ 탕완 －　　　　　　　　　　　　　－ 차저울 －

• 타이머 : 품차를 할 때의 공구로 3분 혹은 5분시 자동으로 울리는 타이머를 사용한
다. 타이머가 없는 상황에서는 일반적으로 시계, 스톱워치를 사용할 수 있지만 시간
을 정확히 숙달하는 주의가 필요하다.

• 거름망 : 품평완의 차탕 속 부서진 찻잎을 떠내기 위해 쓰며, 세밀한 스테인리스나
혹은 나일론 망으로 제작된 것을 사용하며 구리철사망은 구리의 잡내가 나서 적당하
지 않다.

• 물주전자 : 물을 끓이는 차주전자 혹은 전기주전자. 물의 용량은 2.5~5 *l* 이다. 잡
내 혹은 차탕의 색택에 영향을 미치는 것을 예방하기 위해 황동 혹은 철주전자로 물
을 끓이는 것을 금해야 한다.

• 토차통(吐茶桶) : 차 찌꺼기를 담거나, 차 품평시 차탕을 뱉어 내거나 차탕을 따라 내기 위한 용기로 나팔 형태를 띤다. 일반적으로 사용하기 편하게 하기 위해, 상하 두 단으로 나뉘어 있다.

• 엽저반 : 우린 잎을 품평하기 위해 사용하며, 엽저반은 목질의 흑색 정사각형의 작은 소반이다. 또 직사각형의 백색 자기 소반을 사용하기도 한다. 많은 샘플의 우린 잎을 쟁반 중에 배열해 놓으면 상호 비교하기 편리하다.

• 차 샘플 저장 통 : 가치가 있는 차 샘플을 보관하기에 이용하며, 밀봉 기능이 좋아야 하고, 통 안에 생석회를 넣어 건조제 역할을 한다.

– 토차통 –

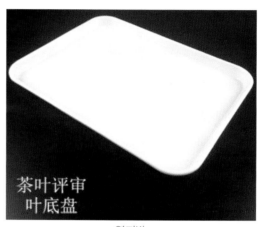

– 엽저반 –

3. 보이차 품평 내용

1) 품평 요소

외형	조소(과립)
	색택(여린 정도)
	부서진 정도(균일한 정도)
	깨끗한 정도

내질	탕색
	향기
	맛
	우린 잎

- 색택 : 색택은 생엽내 함유 물질이 제다 과정 중에 발생하는 각 다른 정도의 분해, 산화, 융합 등이 전체적으로 변화 후에 반영된 것이다. 보이차 색택은 건차 색택과 차탕 색택, 우린 잎 색택으로 나눈다.

- 맛 : 차의 맛은 품질의 핵심이다. 주요하게 맛을 이루는 물질은 차 폴리페놀, 아미노산, 카페인, 당류, 유기산, 방향유 등이다.

- 형태 : 마른 찻잎의 형태와 우린 잎의 형태를 포함하며, 일반적으로 마른 찻잎의 형태를 말한다. 그 형성은 생엽과 제다 공정과 관련이 있다. 주요하게 형태를 이루는 물질에는 섬유소, 반섬유소, 목질소, 펙틴물질, 가용성 당, 수분과 찻잎 안에 포함되어 있는 가용성 성분의 총량 등이다.

- 향기 : 일반적으로 건물질의 0.02%이며, 찻잎 중의 방향물질은 차의 품질 형성에 대해 중요한 작용을 가지고 있다.

보이차 향기의 대부분의 향기는 가공 과정 중에 만들어지며, 생숙보이차의 차이는 매우 크며, 저장 후 보이차의 향기 변화는 더욱 거대하다.

감각 품평 결과는 일반적으로 백점제로 평가하여 계산하며, 각 다른 차류는 다른 품질의 환산양수를 갖는다. 즉 각 항목의 요소를 백점제로 계산한 후에 품질 환산양수로 바꾼 후에 각 항에 가산을 하여 차 품질의 점수를 얻게 된다.

– 보이차 품질 요소의 평점 계수

차류	외형(%)	탕색(%)	향기(%)	맛(%)	우린 잎(%)
보이차 산차	20	15	25	30	10
보이차 긴압차	20	10	30	35	5

2) 품평 작업

① 외형 품평의 방법과 술어

- 산차외형 : 분할 후의 대표성을 가지는 차 샘플 100~200g을 샘플 차반에 놓고, 샘플 차반을 대각을 따라 양손으로 꽉 잡고, 그 중에 한 손은 샘플반 한쪽의 툭 터진 곳을 잡아서, 체질을 하듯 돌리며 선회하는 방법으로 샘플반 중의 찻잎이 상중하 3층으

로 나눠지게 한다. 먼저 표면차와 하단차를 보고 다시 각 단계의 찻잎이 부족한 현상이 있는 지를 검사하고, 찻잎이 부서지거나 완전한 상황, 깨끗한 정도가 어떠한지를 검사한다. 그런 후에 중간 단계의 차를 보고 찻잎의 외형이 균일한 지를 판단하고, 찻잎의 줄기가 거칠고 가는 지를 평가한다.

• 긴압차 외형 : 그 형태 규격, 긴밀도, 균정도, 표면의 광택도와 색택, 겉면과 안의 긴압차 분리, 품평 시 가장자리에서 겉면의 차가 떨어져 나갔는지, 포장지의 마무리가 밖으로 튀어나왔는지를 본다.

‒ 건차(마른차) 품평 상용 술어

외형요소	술어
병형(餠形)	주정(周正), 교주정(較周正), 변형(變形)
가장자리	광활(廣闊), 교광활(較廣闊), 탈변(脫邊)
느슨한 정도	적도(적도), 과긴(過緊), 과송(過鬆)
두꺼운 정도	균윤(均勻), 흠균윤(欠均勻)
색택	녹황(綠黃), 묵록(墨綠), 황갈(黃褐), 천록(淺綠), 등황(橙黃), 등홍(橙紅), 종홍(棕紅), 홍갈(紅褐), 종갈(棕褐), 선활(鮮活), 유윤(油潤), 조윤(凋勻), 회암(灰暗), 고암(枯暗)
차 줄기가 말린 정도	긴결(緊結), 긴직(緊直), 섬세(纖細), 조송(粗松)
부서진 정도	윤눈(勻嫩), 윤정(勻整), 윤제(勻齊), 단쇄(短碎)
깨끗한 정도	윤정(勻淨), 결정(潔淨), 황편(黃片), 박편(朴片), 경(梗)

주정 : 원둘레가 바르다.

교주정 : 원둘레가 비교적 바르다.

변형 : 원둘레가 변형되었다.

광활 : 가장자리가 매끄럽게 처리되었다.

교광활 : 가장자리가 비교적 매끄럽게 처리되었다.

탈변 : 가장자리가 떨어져 나갔다.

적도 : 긴압차의 느슨한 정도가 적당하다.

과긴 : 긴압차의 긴압 정도가 지나쳤다(단단하다)

과송 : 긴압차의 긴압 정도가 느슨하다.

균윤 : 두꺼운 정도가 일정하게 균일하다.

흠균윤 : 두꺼운 정도가 일정하게 균일하지 못하다.

묵록 : 짙은 녹색

황갈 : 누런 갈색

천록 : 옅은 녹색

등황 : 오렌지 황색

등홍 : 오렌지 홍색

종홍 : 고동색

홍갈 : 붉은 갈색

종갈 : 갈색

선활(鮮活) : 신선하고 활력이 있다.

유윤(油潤) : 기름지고 윤기가 있다.

조윤(調勻) : 전체적으로 색택이 고르다.

회암(灰暗) : 색택이 어둡다.

고암(枯暗) : 낙엽처럼 마르고 어둡다.

긴결(緊結) : 유념 후 찻잎이 말린 정도로 긴밀하고 단단하게 잘 말린 상태.

긴직(緊直) : 찻잎이 잘 말려 곧은 상태.

섬세(纖細) : 가늘게 말린 상태.

조송(粗松) : 찻잎이 노쇄되어 거칠고 말린 상태가 느슨한 상태.

균눈(勻嫩) : 찻잎이 균일하게 여리다.

균정(勻整) : 균일하게 찻잎이 부서짐 없이 완전한 상태를 이룬다.

균제(勻齊) : 균일하게 찻잎이 가지런하다.

단쇄(短碎) : 짧게 부서진다.

윤정(勻淨) : 균일하게 깨끗하다.

결정(潔淨) : 깨끗하고 정갈하다.

황편(黃片) : 노엽(老葉)

박편(朴片) : 부서진 큰 찻잎

경(梗) : 줄기

3) 내질 심평의 방법과 술어

보이차산차 : 대표성이 있는 차 샘플을 3g 혹은 5g을 취해서 차와 물의 비율을 1:50으로 하여 품평배에 넣는다. 끓는 물을 가득 채우고, 뚜껑을 닫아 2분 동안 우려낸다. 우려낸 순서대로 차탕을 품평완 중에 걸러 따라낸다. 탕색을 품평하고, 품평배의 향기를 맡고, 맛을 본 후에 두 번째로 우린다. 시간은 5분이고, 차탕을 걸러내고, 순서대로 탕색, 향기, 맛, 우린 잎을 품평한다. 결과로는 탕색은 첫 번째 우린 것을 위주로 품평을 하고, 향기와 맛은 두 번째 우린 것을 위주로 심사한다.

보이차 긴압차 : 대표성이 있는 차 샘플을 3g 혹은 5g을 취해서 차와 물의 비율을 1:50으로 하여 품평배에 넣는다. 끓는 물을 가득 채우고, 뚜껑을 닫아 2-5분을 우린다. 우려낸 순서대로 차탕을 걸러내어 품평완에 따라낸다. 탕색을 품평하고, 품평배의 향기를 맡고, 맛을 본 후에 두 번째 우림을 진행한다. 시간은 5-8분을 한다. 차탕을 걸러내고 순서대로 탕색을 보고, 향기, 맛, 우린 잎을 품평한다. 결과는 두 번째 우린 것을 위주로 하고 첫 번째 우린 것을 종합하여 심사한다.

① 향기를 맡다

향기를 맡을 때는 반드시 이미 차탕을 따라낸 품평배를 한 손으로 잡고, 다른 한 손으로 뚜껑을 열어 품평배 가장자리 가까이에 코를 이용하여 가볍게 맡는다. 뚜껑을 전부 다 열어서는 안 되며, 코를 가까이 댄 곳을 반만 열어서 재빠르게 향을 맡고 바로 닫는다. 보이차 향기를 맡는 것은 향기의 순도를 판단하기 위함이다.

보이생차의 향기는 종종 옅은 단향, 밀향과 꽃향 등이며, 노화가 진행될수록 점차적으로 진향이 나타난다. 보이숙차의 진향은 진하고 자욱하거나 혹은 빈랑향, 계원향과 비슷하거나 어떤 때는 연근향, 대추향, 단향, 장향, 연꽃향, 약향

요소	술어
순도	농욱(濃郁), 복욱(馥郁), 순정(純正), 순화(純和), 평화(平和), 효기(酵氣), 연기(煙氣), 조기(粗氣), 민기(悶氣), 산수(酸餿), 매기(霉氣), 부기(腐氣)
높낮이	고양(高揚), 상양(上揚), 평담(平淡), 청담(淸淡), 심민(沈悶)
지속성	지구(持久), 교지구(較持久), 부지구(不持久)

등이 있다.

농욱(濃郁) : 진하고 향기가 짙다.

복욱(馥郁) : 향기가 짙다.

순정(純正) : 어떠한 잡내 없이 차향기가 난다.

순화(純和) : 어떠한 잡내 없이 차향기가 온화하다.

평화(平和) : 은은하게 차향기가 난다.

효기(酵氣) : 발효 냄새

연기(煙氣) : 연기 냄새

조기(粗氣) : 찻잎이 노쇠하여 나는 냄새

민기(悶氣) : 답답하고 무거운 냄새

산수(酸餿) : 시큼한 냄새

매기(霉氣) : 곰팡이 냄새

부기(腐氣) : 부패한 냄새

고양(高揚) : 향이 높게 퍼져나간다.

상양(上揚) : 향이 높다.

평담(平淡) : 향이 은은하다.

청담(淸淡) : 맑고 옅다.

심민(沈悶) : 무겁고 답답하다.

지구(持久) : 오래 지속된다.

교지구(較持久) : 비교적 지속이 된다.

부지구(不持久) : 오래 지속되지 않는다.

② 탕색을 보다

찻잎 속에 내포되어 있는 성분이
끓는 물에 용해되어 나타난 색채, 이
를 탕색이라 한다. 만약에 차탕 중에
차 찌꺼기나 찻잎이 들어간다면 반드
시 거름망으로 걸러내야 하고, 찻숟가
락을 이용하여 품평완 안에 원을 그리

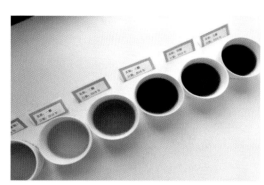

− 탕색을 본다 −

듯 하여 심전물이 품평완 중앙에 모이게 한 다음에 탕색을 본다.

탕색은 주로 색도(정상색, 변색이 약하게 됨, 변색이 많이 됨), 밝은 정도와 혼탁도 3가지
방면을 심사한다. 맑고 밝은 것은 가장 좋고, 어둡고 혼탁한 것이 떨어지는 것이다.
같은 온도와 시간의 조건 하에서 탕색의 변화 속도는 대엽종 〉소엽종, 여린 잎 〉노
쇠한 잎, 햇차 〉묵은 차이다.

− 탕색 품평 술어

요소	술어
황록(黃綠), 녹황(綠黃), 천황(淺黃), 등황(橙黃), 심황(深黃)	생차 탕색. 진화 정도에 따라 다르고, 진하고 옅음이 다르다.
홍염(紅艶), 홍량(紅亮), 심홍(深紅), 홍농(紅濃), 홍갈(紅褐), 갈색(褐色)	숙차 탕색. 일반적으로 붉고 진하고 밝은 것이 가장 좋다.
명량도(明亮度)	차탕의 반사광선. 투광 정도. 선명하고 밝은 것이 좋다.
청철(淸澈)	맑고 깨끗함. 투명하고 침전물이 없다
혼탁(混濁)	차탕 중에 많은 양의 부유물이 있어 투명도가 떨어진다.

황록(黃綠) : 누런 녹색

녹황(綠黃) : 녹색에 누런색이 보인다.

천황(淺黃) : 옅은 황색

등황(橙黃) : 오렌지 황색

심황(深黃) : 짙은 황색

홍염(紅艶) : 선명한 붉은 색

홍량(紅亮) : 밝은 붉은 색

심홍(深紅) : 어두운 홍색

홍농(紅濃) : 붉고 진함

홍갈(紅褐) : 붉은 갈색

명량도(明亮度) : 밝고 빛나는 정도

청철(淸澈) : 차탕이 맑고 깨끗하다.

③ 맛을 보다

자기로 된 찻숟가락을 품평완 중에서 한 숟가락 떠내 입안에 넣는다. 차탕을 혓바닥 위에서 굴려 맛을 본 후, 차탕을 삼키지 않고 반드시 투차통 안에 뱉는다.

맛을 품평할 때는 주로 진하고 옅음, 강하고 약함, 상쾌하고 떫음, 잡맛이 없는지 등의 방면으로 우열을 심사한다. 그 외에 차맛의 회감정도, 내포성 정도, 운미(韻味) 등도 고려해야 할 방면이다.

우수한 차의 맛은 진하고 강하며, 회감이 있고, 맛이 옅고 쓰며, 거칠고, 떫은 것은 차품이 떨어지는 것이다.

품질이 높은 보이숙차의 맛은 달고, 매끄럽고, 순하고, 두텁고, 부드럽고, 깨끗하고, 걸쭉한 특징을 가지고 있다.

- 차탕을 뜬다 -

- 맛을 본다 -

술어	요소
농강(濃强), 농후(濃厚), 순후(醇厚), 순정(醇正), 순정(純正), 평담(平淡)	순후도(醇厚度)
첨면(甛綿), 첨윤(甛潤), 순활(順滑), 윤활(潤滑), 과담(寡淡), 조담(粗淡)	첨활도(甛滑度)

농강(濃强) : 농도가 짙고 맛이 강하다.

농후(濃厚) : 짙고 맛이 두텁다.

순후(醇厚) : 찻잎의 내함 물질이 풍부하여 진하고 두텁다.

순정(醇正) : 차 맛이 진하다.

순정(純正) : 차 본연의 맛.

평담(平淡) : 싱겁고 엷다.

첨면(甛綿) : 단맛이 끊이지 않고 난다.

첨윤(甛潤) : 달고, 촉촉하다.

순활(順滑) : 술술 잘 넘어가게 매끄럽다.

윤활(潤滑) ; 촉촉하고 매끄럽다.

과담(寡淡) : 싱겁다.

조담(粗淡) : 거칠고 싱겁다.

순후도(醇厚度) : 차에 내포되어 있는 내함 물질이 풍부하여 차 맛이 진하고 두텁다.

첨활도(甛滑度) : 달고 매끄러운 정도.

④ 우린 잎을 본다.

　　품평배 중에 우렸던 찻잎을 엽저반에 따라 내거나 심평배 뚜껑의 안쪽에 올려둔다. 가늘고 부서진 잎도 깨끗하게 덜어내어야 한다. 우린 잎을 고르게 섞어 펼쳐 편평하게 펴서 여린 정도, 균일한 정도와 색택을 본다. 손가락으로 우린 잎의 부드러운 줄기, 두껍고 얇음 등을 눌러 본다. 다시 싹과 여린 잎의 점유율, 넓은 찻잎이 말리고 펼쳐짐, 거친 정도, 색택과 균일한 정도 등등을 본다.

우린 잎의 특징은 주로 여린 정도와 잎 크기의 균일한 정도를 보는 것이다.

여린 정도가 좋다 : 우린 잎에 차싹의 양이 많고, 찻잎이 연하고 부드러우며, 도톰하고 여리며, 탄력성이 있다.

여린 정도가 떨어진다 : 우린 잎에 차싹이 없다. 펼쳐진 잎이 비교적 노쇄되고 크다. 우린 잎이 딱딱하고, 탄력성이 없다.

– 보이생차 우린 잎 –

– 보이숙차 우린 잎 –

보이숙차 우린 잎의 색택이 대체적으로 균일하게 갈홍색인 것이 좋고, 색택은 형형색색으로 균일하지 않거나, 검은 색이 나거나, 탄화 혹은 부패하여 마치 진흙과 같으면, 발효 정도가 지나쳐서 품질이 좋지 않음의 표현이다.

– 탕색 품평 술어

술어	묘사
균제도(匀齊度)	우린 잎의 색이 일치하는지 아닌지, 부서진 차들의 점유 비율 등
연량(軟亮)	잎을 손으로 눌러보아 부드럽고 딱딱한 정도와 쉽게 펼쳐지는 것으로 판단. '亮'은 우수한 품질의 표현.
세눈(細嫩)	생엽 등급이 높은 것을 표현. 완전하고, 털이 있는 것이 상급.
유연(柔軟)	여린 정도가 약간 떨어지지만 엽질이 부드럽고 연하며, 손으로 눌렀을 때 촉감이 부드럽다.
조로(粗老)	엽질이 거칠고 딱딱하고, 엽맥이 두드러지고, 손으로 눌렀을 때 거치며, 탄력이 있다.
색택(色澤)	윤기가 있고, 황갈색, 홍갈색, 종갈색, 회갈색, 초록빛이 나는 등등

4) 주홍걸 교수 작업실의 품평법

차 3g을 덜어내 100℃ 끓는 물을 사용하여 3번 우린다. 첫 번째는 3분 우리고, 두 번째는 2분 우리고, 세 번째는 5분 우린다. 3번의 우려낸 것을 근거로 하여 색, 향, 미, 형으로 품질의 차이를 본다. 3번의 차이가 별로 없으면 품질이 비교적 좋은 것이고, 3번의 차이가 크면 품질이 떨어지는 것이다.

– 우림 기술의 요점

조작	기술 요점
향기 판별	첫 번째 우림 : 향기의 높고 낮음, 잡내가 있는지 없는지를 판단. 두 번째 우림 : 향기의 유형, 거칠고 여림, 불명확한 잡내가 많이 나는 지를 판단. 세 번째 우림 : 앞의 두 번 우림과 비교하여 향기의 지속과 내포 정도를 확인. 만약에 연기향, 곰팡내, 시큼한 내, 쉰내, 나쁜 냄새 등 잡내가 있으면 품질이 떨어진다.
맛 판별	첫 번째 우림 : 맛의 진하고 옅음, 진하고 쓴맛, 달고 상쾌함, 두텁고 얇은지, 회감 유무, 점성 유무 등을 판단. 두 번째 우림 : 진하고 강한 정도, 매끄러운 정도, 융합도, 침이 고이는지 등을 판단. 자극성이 강하고 떫지 않은데, 진하고, 입에 넣어도 쓰고 삼킨 후에도 쓰고, 혓바닥이 떨떠름하면 떫은 것이다. 세 번째 우림 : 앞 두 번의 우림과 비교하여 맛의 지속 전도를 확인한다. 맛이 분산되고, 쓰고 떫으면 품질이 비교적 떨어진다.

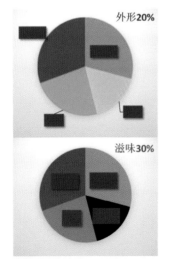

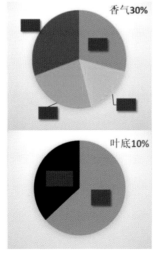

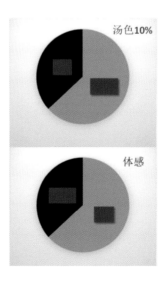

4. 보이차 표준 샘플의 감관 품질

보이차는 가공공정과 품질 특징으로 보이차(생차), 보이차(숙차) 두 가지 유형으로 나눈다. 외관 형태로 보이산차, 보이긴압차로 나눈다. 보이산차는 품질 특징에 따라 특급, 1급에서 10급으로 총 11가지 등급으로 나눈다.

(1) 쇄청 원료의 표준 샘플

- 보이차 원료 표준 샘플

등급	감관 품질
특급	외형 : 줄기가 비대하고 건장하며 긴밀하게 말려 있고, 차싹의 털이 분명하고, 균일하고 부서짐 없이 완전하고, 색택은 녹색으로 윤기가 있고, 약간 여린 줄기가 있다. 내질 : 탕색은 황록색으로 맑고 깨끗하며, 향기는 청향으로 진하고 짙다. 맛은 진하고 회감이 있고, 우린 잎은 부드럽고 여리며 싹이 있다.
2급	외형 : 차 줄기가 비대하고 건장하며 긴밀하게 말려 있고, 차싹의 털이 있고, 균일하고 부서짐 없이 완전하고, 색택은 녹색으로 윤기가 있고, 여린 줄기가 있다. 내질 : 탕색은 황록색으로 맑고 밝으며, 향기는 맑고 진함이 약간 부족하고, 맛은 진하며, 우린 잎은 여리고 균일하다.
4급	외형 : 차 줄기가 긴밀하게 말려 있고, 균정도가 약간 부족하고, 짙은 녹색으로 윤택이 있고, 줄기와 부서진 잎이 약간 있다. 내질 : 탕색은 녹황색이고, 향기는 청향이며, 맛은 진하고 두터우며, 엽저는 비대하고 두껍다
6급	외형 : 차줄기가 긴밀하고 실하며, 균정도가 약간 부족하고, 색택은 심록색으로 줄기와 부서진 잎이 있다. 내질 : 탕색은 녹황색이고, 향기는 순수하고 바르며, 맛은 진하고 온화하고, 엽저는 비대하고 건장하다.
8급	외형 : 차 줄기는 거칠고 실하며, 균정도가 약간 부족하고, 색택은 황록색이며, 줄기와 부서진 잎이 약간 많다. 내질 : 탕색은 녹황색으로 약간 혼탁하고, 향기는 은은하게 나며, 맛은 담담하고, 우린 잎은 거칠고 건장하다.
10급	외형 : 차줄기 거칠고 실하며, 균정도가 부족하고, 색택은 황갈색이고 줄기와 부서진 잎이 비교적 많다. 내질 : 탕색이 황색으로 혼탁하고, 향기가 거칠고 노쇠하며, 맛은 거칠고 싱겁고 우린 잎은 거칠고 노쇠하다.

(2) 보이숙차 산차의 표준 샘플

등급	감관 품질
궁정 (특급)	외형 : 줄기가 긴밀하게 말려 곧으며 비교적 가늘고 털이 보인다. 내질 : 탕색은 붉고 진하며, 진향이 진하고 자욱하며, 맛은 순후하며, 우린 잎은 갈홍색으로 비교적 가늘고 여리다.
1급	외형 : 줄기가 긴밀하고 말려 약간 여리다. 비교적 털이 보인다. 내질 : 탕색은 붉고 진하며, 맛이 순후하고, 향은 진하고 순수하며, 우린 잎은 갈홍색으로 비대하고 여리다.
3급	외형 : 줄기가 긴밀하게 말려 있고, 털이 보이는 것이 부족하다. 내질 : 탕색은 붉고 진하며, 맛은 순후하고, 향기는 진하고 순수하며, 우린 잎은 갈홍색으로 연약하고 부드럽다.
5급	외형 : 차줄기가 긴밀하고 실하며, 약간 호가 보인다. 내질 : 탕색이 짙은 붉은 색으로 맛은 진하고 온화하며, 향기는 순수하고, 우린 잎은 갈홍색으로 균일함이 부족하고, 약간 부드럽고 연하다.
7급	외형 : 줄기가 비대하고 건장하며, 긴밀하고 실하며, 색택은 갈홍색으로 약간 회색빛이 돈다. 내질 : 탕색 짙은 붉은색, 진하고 온화하며, 향기는 순수하고 온화하며, 우린 잎은 갈홍색으로 균일함이 부족하고 약간 여리다.
9급	외형 : 줄기가 거칠고 크며, 긴밀하고 실함이 부족하고, 색택은 갈홍색으로 약간 회색빛이 돈다. 내질 : 탕색은 짙은 붉은 색, 맛은 진하고 온화하며, 향기는 순수하고 우린 잎은 갈홍색으로 균일하지 않고, 약간 여리다.

(3) 보이차 품질 우열의 판정 기준

- 보이생차 품질 특징

보이생차	외형 : 균일하고 단정하며, 긴압한 정도가 적당하며, 층이 생기지 않고 표면이 떨어나간 것이 없다. 내질 : 향기는 순수하고 맛은 짙고 두텁다. 탕색은 맑고 밝으며, 우린 잎은 균일하고 완전한 형태이다.

– 보이숙차 병차 –

– 보이숙차 차탕 –

– 보이숙차 품질 특징

보이숙차	외형 : 완전하고 가지런하다. 단정하며, 균일한 무게를 가진다. 각부분의 두께가 균일하다. 긴압한 정도가 적당하다. 층이 생기지 않고 표면이 떨어져 나가지 않았다. 표면차와 내면의 차를 흩어 나눌 때, 내면의 차가 밖으로 보이지 않는다.

– 정상 보이차 vs. 비정상 보이차

정상 보이차	색택 : 녹, 황록, 묵록, 갈록, 활갈, 갈색, 밤홍색. 기름지고 윤기가 있다. 향기 : 청향, 단향, 꽃향, 달콤한 향, 나무향, 진향, 무거운 향, 약 냄새. 탕색 : 녹색으로 밝다. 황록색으로 맑고 밝다. 붉고 밝다. 붉은색이 짙고 밝고 맑다. 홍갈색. 우린 잎 : 녹색으로 균일하다. 황록색, 짙은 녹색, 갈록색, 황갈색, 갈색, 밤홍색. 기름지고 윤기가 있다. 균일하고 가지런하다.
비정상 보이차	색택 : 녹회색, 황록색에 푸른빛이 보인다. 짙은 녹색으로 어둡다. 갈록색으로 메마르다. 활갈색으로 회색빛이 돌고 어둡다. 흑갈색에 메마르다. 회색이 섞였다. 향기 : 풋내. 거칠고 노쇠한 맛. 연기 냄새, 잡내, 곰팡내, 창고 냄새, 습한 냄새. 탕색 : 녹색에 탁하고, 황록색에 어둡다. 어두운 갈색, 홍갈색으로 어둡고 탁하다. 붉은 검은색으로 혼탁하다 우린 잎 : 황록색으로 어둡다. 황록색으로 푸른빛이 보인다. 짙은 녹색과 어두운 갈색. 갈녹색으로 어둡고 탁하다. 황갈색으로 어둡다.
우수한 보이차 차탕	순(順), 활(活), 결(潔), 량(亮)
등급 낮은 차	품질에 결함이 있지만, 마실 수 있다. 자주 보이는 병폐 : 훈연 냄새, 탄내, 시큼한 내, 비교적 가벼운 잡내.
저등급 차	얼얼하고, 혓바닥이 돋고, 톡 쏘거나 깎아 내는 느낌이 있고, 쓰고 떫은 맛, 입이 건조하고 마르며, 잡내와 곰팡내가 나고, 이상한 맛, 매운맛, 겉도는 맛, 신맛, 이상한 맛 등이 있으면 품질에 심각한 결함이 있는 것으로, 마시면 안 된다. 자주 보이는 병폐 : 곰팡이 차, 시큼한 차, 탄내가 심한 것, 오염된 차 등

百年普洱黑翻紅

: 글 치쭝시옌(池宗憲)
역 김봉건

百年普洱黑翻紅

리어 한 줄기 의문을 불러 일으켰다. 이미 차의 향기도 사라지고 또한 차탕의 노르스름한 꿀 같은 원질도 없는데, 서로 '한약'과 같은 차만 마시고들 있으니 어디에 진정한 品茗의 즐거움이 있었으랴?

보이의 효소는 인체에 유익함

1988년 5월에 나는 중화민국 차예협회로부터 일본과 한국을 방문하는 차문화 방문단에 참가해 달라는 초청을 받았다. 당시 나는 오래된 차의 향기에 흠뻑 빠져 있었는데 종일토록 보이차에 사로잡혀 헤어나질 못했었다. 출국을 하고서도 휴식시간이 될 때마다 대추색의 붉은 도장이 찍힌 떡차를 우린 한 잔의 차 빛깔이 눈앞에 어른거려 도시 뇌리를 떠나지 않았는데 그것이 오히려 여행의 피로를 가시게 해 주었다. 방문단은 필시 차의 동호인들이었기에 함께 차 마시는 것이 일반적인 일이었지만 이러한 나의 거동은 도

내가 보이차와의 인연을 맺게 된 것은 많은 양의 커피가 가져온 자극으로 말미암아 장과 위가 나빠져 가볍게 발효된 차는 받아들이기 어려웠던 사정에 기인한다. 보이차는 거듭 발효된 것이므로 마실 때에 입에서도 아주 매끄러우며 마시고 난 뒤 내장을 후비지도 않기 때문이다.

당시에 대만의 보이차 시장은 거의 공백 상태여서 보이차에 대한 정보도 전무하였다. 늘 보는 보이차도 홍콩의 '영기차장(英記茶莊)'의 가장 이름난 것이었으며 시세도 떡차 한 덩어리에 홍콩 달러 300원만 주면 가장

좋은 것을 살 수가 있었으니 말이다.

대만에서는 오룡차가 풍미하고 있었으며 보이차는 이의 상대가 되지 못하였을 뿐만 아니라 오히려 꺼리는 대상이었다. 차가 마치 먹물과 같고 색깔도 아스팔트 빛깔 같다……는 식으로. 이해할 수 없는 말들이 보이차로 하여금 한 쪽 귀퉁이로 숨게 했고, 그때에는 단지 소수의 사람들만이 애호했다.

그런데 정말 보이차는 오래될수록 좋은 것일까? 그리고 보이차는 과연 정말로 약효가 있는 것일까?

기억할 만한 것은 당시 대만시장을 공략하기 위해 들어 온 홍콩의 상회인 융기차장(隆記茶莊)이 보이차의 떡차를 가지고서 차행(茶行)의 자물쇠를 뚫고 들어왔으나 초기에는 전혀 팔리지 않았고 단지 골동품 상점에서 애호가들이나 찾는 정도였다. 그 이외에는 차 마시기를 좋아하는 사람들 중에서도 다른 차를 마시면 위장이나 창자가 자극을 많이 받는 사람들이나 찾을 정도였다.

보이차는 일찍이 논쟁을 불러일으키기도 했다. 당시의 어떤 사람이 대만사람들은 모두 곰팡이가 난 보이차를 마신다고 말하여 시장은 큰 충격을 받았다. 그런데 보이차가 '곰팡이 차'라는 데 그치지 않고 오히려 보이차의 효소가 인체에 유익하며 오래된 보이차는 사람의 몸에 '온보(溫補)'의 작용이 있다는 설도 함께 나오게 되었던 것이다.

품명(品茗)의 선화(禪化)에 끼친 보이차의 역할

대만의 차 시장에 처음으로 바람이 불고, 점차 유행이 뒤따르게 된 것은 마치 바퀴의 자국을 따르는 것과 비슷하다. 초기에는 동정차인 '홍수(紅水)'가 시장에서 주력을 이루었다. 다음에는 이를 대신하여 가의(嘉義)의 '매산차(梅山茶)'가 구차를 누르고 신차의 세를 일으켰다. 차 값이 비싸지기 시작하자 이로부터 '고산차(高山茶)'가 대만의 전 영역을 휩쓸면서 비싸고 품질 좋은 물건의 대명사가 되었다. 이 년 전부터는 보이차의 열풍이 불기 시작하고 있다. 과거에는 민둥민둥한 맛이라고 인식되던 보이차가 약이 된다고 하여 이제는 선화(禪化)의 화신으로 여겨지고 있다. 보이차는 이제 건강식품이 되고 혈압을 낮추는 치병(治病)의 양방(良方)이 되었다.

유행의 흐름을 타고 보이차는 시장을 가득 채우고 있다. 한 덩어리의 떡차가 수백 원으로부터 수 만원에 이르기까지 차이가 나며 보이차의 몸통은 연막 속에 가리어져 있다고 하는 것이 사정을 가장 잘 묘사하는 말이라고 하겠다.

보이차의 유행은 보이차 상인들에게 있어서 판매 수입을 올릴 수 있는 적기를 마련해 주었고 소비자들에게는 오히려 보이차의 나이를 오리무중으로 빠뜨렸다.

"백년된 普洱는 원래 궁정의 보장품으로 바깥에 흘러나온 것은 얼마나 오래된 것인지……"

"이 大葉 보이차 덩어리는 50년 전에 뭉쳐 만든 것으로서……"

"나무 판으로 압착하여 뭉친 것……"

"마른 창고의 것인가? 눅눅한 창고의 것인가?"

"녹나무(樟樹)의 맛이다! 찹쌀의 향이야! 매실의 맛에다 과일의 신 맛을 보탠……"

기이한 고사(古事)와 백배로 치솟는 값

연대, 제조법, 보존, 향기와 맛, 입 속의 느낌…… 이와 같은 일련의 보이차의 전기(傳奇)는 이미 대만의 시장에서 구를수록 커지는 눈덩이처럼 불어 나 무릇 보이차를 사랑하는 사람들은 모두 이런 근원도 알지 못할 말에 빠져 헤어 나오기 어렵게 되었다. 보이차를 팔고 사는 시장에서는 값이 백배로 치솟아 한 조각의 보이차의 값으로 7, 8만원(대략 한화 20~25만원)을 부르는 것이 하나도 이

상할 것이 없다.

한 조각의 보이차 덩어리는 겨우 250그램의 무게에 지나지 않는 것으로서, 대단한 값을 지니게 되었고 이것이 대만의 차 시장에서는 보통의 일이 되었다.

'홍인보이(紅印普洱)'는 한 조각에 신대폐(新臺幣) 1,600원(대략 한화 56,000원)을 훗가하지만 아예 '비매품'이 되어 버려 파는 곳이 있고 돈이 있어도 살 수 없다.

'녹인보이(綠印普洱)'는 한 조각에 1,200원(대략 한화 42,000원) 하였지만 지금은 12,000원(대략 한화 420,000원)을 주어도 구경하기 힘든 것이 되었다.

이러한 시장의 시세는 오로지 소비자 대중이 만들어 낸 것으로서 공급과 수요 현상의 소산이지만, 객관적으로 말하면 오로지 상인들이 만들어 낸 불합리한 조작이다. 사실상 누가 소비자더러 억지로 차 마시기를 좋아하라고 시킨다고 해서 그것이 되는 일이겠으며, 마시더라도 이처럼 희귀한 종류의 차를 즐겨 마시라고 해서 마시겠는가?

차가 귀하고 질이 좋으면 마음이 원하게 되는 법이지마는, 다만 보이차는 정세가 너무 좋다 보니 저질의 차가 좋은 차의 자리를 차지하고, 흘러넘치는 물건들이 높은 품격의 맛을 가장하게 된 것이다. 멍청한 소비자는 비싸게 주고 산 물건을 마셔야만 마음이 편안하다고 여기는데, 하물며 차의 귀함이 이와 같은 정황에 이르러서랴! 이와 같이 값이 뛰어 오르는 이치가 어디에 있는 것인지 참으로 알다가도 모를 일이다.

진위의 판별과 라벨의 식별

라벨을 보는 것이 진위를 가리는 매우 중요한 지표이다. 오늘 날의 시장을 보면 가짜 상표를 이용하여 권위를 세우고들 있는데 대부분의 사람들이 이렇게 속임을 당하는 형편에서는 소비자들로서는 조심하여 살피지 않을 수 없는 것이다.

운남 보이차는 중국차엽공사(中國茶葉公司)가 설립되기 이전에도 개인이 경영하는 차업의 상호를 가지고 있었는데 그 상호들은 차업의 라벨이나 상표로 남게 되었으며 이것이 오래된 보이차의 나이를 증빙하는 표시가 되었다.

수장(收藏)하는 보이차와 그 차의 상표는 서로가 서로를 보증하는 작용을 한다. 몇몇 오래된 보이차와 그것의 상표는 대단히 가치 있는 물건이다.

'운남동경호(雲南同慶號)'는 현재의 홍콩과 대만 양쪽에서 다 같이 가장 오래된 보이차의 항렬에 들며 모두 8, 90년의 나이를 먹은 것이다. 이 차의 덩어리에는 '운남동경호'라는 빨간 색의 딱지가 붙어 있다.

운남동경호의 그림 위에는 '용마상표(龍馬商標)'가 있으며 아울러 이 차를 만든 차장(茶莊)의 일단의 선전구가 들어 있다. 그 의미는,

자기들은 백년이나 된 오래된 상점으로서 쓰는 차의 원료를 5대 명산에서 채취하며 '이무(易武)'의 끝이 뾰족한 어린잎을 사용한다고 한다. 그리고 "차떡의 엽색이 금황색이고 두터운 물맛이 있으며, 붉고 농염한 맛과 꽃다운 향기……" 운운하고 있다.

'동경호' 차창의 주인은 다른 사람이 모방하는 것을 방지할 목적으로 일곱 번째 떡차의 대나무 잎사귀 포장 안에 큰 상표를 올려놓고, 하나하나의 떡 덩어리마다 다시 그 위에 타원형의 작은 상표를 놓는데 그 속에 있는 글도 큰 상표에 씌어 있는 것과 같다.

차의 나이라는 것이 정말 많으면 많을수록 좋은 것일까? 실상은 보이차의 '오래 되었음'이 곧장 '좋은 것임'을 보증하는 것은 아니다. 거기에다 적절히 보관되고 유통되었

는가의 여부가 참작되어야만 한다. 후발효에 의해서도 차의 질은 더욱 강화되거나 아니면 약화될 수 있기 때문이다.

어목혼주법(魚目混珠法)과 가짜 상표

지금 시장에서 보이는 동경호의 상표는 완전한 것이 거의 없다. 좀벌레가 먹은 포장지는 당연히 한 가지 방법으로만 판단할 수는 없고, 더욱이 당시의 포장지에 동판(銅版) 인쇄를 채용했던 특색을 감안한다면 한 층 높은 감식의 안목을 필요로 한다.

경창차장호(敬昌茶莊號)는 포장지를 좀벌레가 얼마나 쏠았는가에 의해 나이를 얼마나 먹었는가를 추단한다. 운남의 지방지에서 민국 38년[서기 1949년으로 이 해에 중공정권이 수립되었음] 이전의 개인 차장을 찾아보면 경창차장은 백년이나 된 오래된 상점이라고 나와 있다.

여기에는 '總發行所雲南普洱茶山敬昌茶莊啓'라는 차 상표가 전아한 흑녹색의 인쇄로 서명되어 있다. 그 상반부에는 한 폭의 '채다도(採茶圖)'가 있는데, 거기에는 세 사람의 옛 의상을 입은 차 따는 여자들이 등에 차 바구니를 맨 채 서로의 채다 경험을 이야기 나누고 있는 모습이 그려져 있다. 하반부의 문안은 차의 쓰이는 바를 강조한 것으로서 "곡우 전에 딴 춘예(春蕊)와 세눈(細嫩)과 첨엽(尖葉)이 그 어느 것보다 뛰어나다"(雨前春蕊細嫩尖葉, 絶無摻雜沖抵)고 씌어 있다.

경창차장은 차를 만들어서 사고팔고 했는데 내수는 물론 수출도 하여 홍콩을 수출기지로 삼았다. 차 상표에 씌어져 있는 글은 매우 분명하며, 거기에는 "청컨대 채다도의 상표가 있는지를 보고 진위를 확실히 식별하시기 바랍니다"라고 하여 사는 사람의 주의를 촉구하고 있다.

경창차장에서 출품된 떡차에는 모두 한 장의 빨간색 상표가 붙어 있는데 거기에도 "거듭 고려하시어 안에 쓴 기록을 살펴 주십시오"라고 강조하고 있다. 당연히 차장은 상점의 명예를 존중하며 차의 상표는 일종의 선전물이면서 또한 일종의 '품질 보증서'이기도 했다.

오늘 날의 못된 상인들은 이 상표를 영인(影印)하여 떡차(당연히 오리지날 경창차가 아닌)에 붙이고서는 높은 값에 팔고 있다.

이와 같은 '고기의 눈알을 구슬에 섞는 방법[魚目混珠法]'은 차의 상표와 한 상점의 명예를 이용하여 소비자를 속이는 수법이다.

건리정송빙호(乾利貞宋聘號)의 상표는 디자인에 있어서 매우 고전적인 품격을 지니고 있다. 거기에는 씌어진 선전 문구 외에 그 위에다 '생재(生財)'라는 두 자를 첨가하여 차를 사 가는 사람의 길상(吉祥)과 발재(發財)를 기약하고 있다.

송빙호의 떡차는 시장에서 유통되면서 같은 도장이 크고 작은 두 가지의 형식으로 출현하여 크고 작은 것 가운데 어느 것이 진짜다 가짜다 하는 논쟁이 일어났다. 그러나 어느 것이 진짜든 가짜든 의당히 차의 질로써 논단해야 할 것이다.

상표에 있는 '운남송빙호보이차정부입안상표(雲南宋聘號普洱茶政府立案商標)'라는 글에서 당시의 차상들이 상표를 매우 중시했다는 것을 알 수 있는데, 디자인을 멋지게 하는 데 그치지 않고 정부의 입안이라고까지 하고 있는 것이다.

강성차장(江城茶莊)은 차의 상표를 베 종이[棉紙]로 하였는데 인쇄는 매우 간단하고 남루하게 유인(油印)하여 만들었다. 그 위에 있는 '보이원차(普洱圓茶)'라는 글자의 모양을 보아 상표의 연대는 중공이 대륙을 통치한 지 오래지 않은 때인 것으로 보인다. 거기에는 특별히 "보이원차는 멀고 가까운 곳으로 명성을 떨치고 있으며 …… 경제를 번영시키고 이익을 가져다 준다"고 적고 있다.

강성차장은 운남 보이구에 있는 아주 오래된 차장이다. 중차공사(中茶公司)가 아직 전면적으로 국영사업을 장악하고 있지 못하던 당시에 이 차 상표는 개인 차장의 상표로서, 대륙의 경제개혁이 아직 실시되기 전에 시장을 형성하고 있었음을 보여주는 증거가 된다.

강성차장의 도안은 그림 위에 별 다섯 개를 그리는 것을 잊지 않고 있는데, 이것은 민국 38년 대륙 정권이 성립될 때 만든 차 모양으로서 호북성(湖北省)의 조리교(趙李橋)가 출품한 변경전차(邊疆磚茶)와 함께 '다섯 개

의 별'을 그려 넣고 있다.

홍 · 녹 · 황 · 남색의 도장(印)은 저장의 깊음을 분별하는 실마리

이상에서 열거된 희유한 품종을 시장에서 '홍인' · '녹인' · '황인' · '남인'으로써 어떻게 감식하는가?

중차공사에서 출품하는 보이차는 기본적으로 떡차 한 덩어리 한 덩어리마다 모두 바깥에 포장을 하는데 어떤 것은 베 종이에 인쇄한 것도 있다. 지면의 한 가운데에 '차(茶)' 자를 쓰고 바깥에 여덟 개의 '중(中)' 자로 에워싸게 한다.

'中' 자는 일반적으로 빨간 색으로 새기되 '茶' 자는 당시 출품된 등급에 따라 홍색의 '茶' 자(속칭 홍인), 녹색의 '茶' 자(속칭 녹인), 황색의 '茶' 자(속칭 황인)로 나누며, 남인은 녹색의 '茶' 자 위에 다시 남색의 먹물로 덮

개를 한 것의 속칭이다.

내가 음미한 경험에 비추어 본다면, 만든 지 얼마 되지 않은 '홍인'은 줄기가 가늘고 냄새의 여운도 강하다. 그러나 3년이 지나면 강함과 부드러움이 아울러 갖추어지고 냄새가 감미로워져서 곡식 향기가 가득 차게 된다. 차를 한 입 머금으면 매실 향이 입 안 가득 흘러 넘쳤는데 이런 홍인을 위해 물 끓이는 일을 그리 오래 해 보지 못한 것이 아쉽기만 하다.

'홍인'의 차 찌꺼기는 암홍색을 띠는데 만약에 차 찌꺼기와 차의 색이 고르지 않으면 가짜일 가능성이 높다. 이 차의 질은 세월이 지날수록 관록과 풍골을 갖추게 되는데 차의 줄기를 조금 섞어야 양호하게 보존된다. 그리고 인위적으로 발효를 가속시키거나 불에 쬐어 말리지 않아야 차의 섬유질의 탄성이 좋아진다. 만약 여러 차의 향기와 잡스러이 섞으면 차 줄기가 마르고 딱딱하게 되어 생기가 없어진다.

요즈음 만나는 '홍인'은 이미 예전의 맑고 싱싱한 눈(嫩)이 아니라 말라빠진 잎사귀와 가지일 따름으로서 사람들이 꽤 가지고들 있는 것 같다. '홍인'은 '녹인'과 함께 다루어지기도 하는데 물건이 적기 때문에 대신에 '녹인'을 올리는 예가 적지 않기 때문이다. 그러나 녹인은 차의 질이 홍인과는 근본적으로 다르다.

보이차의 시장이 뜨겁게 달구어지자 몇몇 업자들은 포장지를 회수하여 완전한 홍인 포장지 한 장에 500원(한화 15,000원) 씩을 부르기도 한다. 이런 해괴한 일들은 필시 소비자들이 '홍인'이나 '녹인'의 포장지를 믿는 데에서 기인하는 것이지만 이로부터 또한 차 자체의 값과 명성을 더욱 올려놓는 결과를 가져오기도 하는 것이다.

'홍인'이나 '녹인' 차는 인내심을 가지고 그 맛을 찾아야 한다. 그리고 이들 차는 의당히 덮개가 있는 자기 잔[杯]으로 마셔야 하는데, 단단한 질의 자기를 써야만 노차의 진미가 솔솔 풍겨나기 때문이다. '녹인'은 대엽 보이차의 제조법에 따르므로 차의 맛이 노숙하고 돈후한데도 어린아이의 마음과도 같은 여린 품성을 잃지 않고 있다. 찬찬히 살펴보면 이 야생 차나무의 천연한 본성이 아무리 세월이 흘러도 그 본색을 잃지 않음에 기인하는 것이 아닌가 생각된다. 도리어 아주 오래된 친구의 방문을 받는 것과도 같다고나 할까!

사람의 마음을 움직이는 보이의 운치

차에 빠진 사람은 깊이 빠질수록 오래된 차와 교분을 가지고자 하는데 그 태반의 원인은 오래된 차의 온화하고도 정중함을 사랑함에 있다. '홍인'과 '녹인' 차는 수십 년의 세월을 거두어들여 차곡차곡 쌓았기 때문에 그 차의 질이 결코 일시일각의 시간에 따라 노화하지 않으며 오히려 양질의 보이차는 오래될수록 더욱 향기를 품는다. 노차 자신은 신선한 빛과 눈녹(嫩綠)의 호흡을 가다듬고서 다만 인연이 닿는 사람이 손수 선택해 주기를 기다릴 따름이다.

그러나 소비자 대중은 도리어 보이차를 넉넉히 알지 못하고 그저 잘 유통되지 아니하는 '곰팡이 차'라고만 안다. 그리하여 이제는 불쌍하게도 장사치들의 부당한 부추김까지 받아 말로 형용하지 못할 신비의 색채마저 띠게 되었다. 회오리쳐 올라간 보이차의 가격도 주목을 받아야겠지만 차의 참된 면목이 오히려 발굴을 기다리고 있다.

오래된 보이차의 운치는 많은 추종자들의 마음을 움직이지만 다만 이는 보이차의 아름다움과 무르익음의 소치이지 단순히 높은 가격 때문이 아니다. 바꾸어 말하면 오래되었다는 것이 곧장 좋은 것을 대표하는 것도 아니고, 또 귀한 차가 바로 좋은 차라는 등식이 성립하는 것도 아니다.

오래된 보이차를 찾는 행렬이 시끌벅적하기만 하다. 품차족들은 그저 그림자를 따라 춤을 추고 있으며 진상을 밝히지도 못한 채 될수록 비싼 곰팡이 차를 사려고만 한다. 가짜들이 진품의 발자국을 남기고 있는데도 재물을 헐어서 쓰잘 데 없는 일만 하고, 마셔서 몸만 상하고 있으니 참으로 실속 없는 일이다.

편집자 주 : 이 글은 대만의 저명한 차인 치쭝시옌(池宗憲) 선생이 1990년대 중반 차문화 관련 잡지 『자옥금사(紫玉金砂)』지에 기고한 글로서 우리나라에서는 김봉건 선생이 『다담(茶談)』지 1997년 가을호에 번역하여 게재했던 글입니다. 글의 제목「百年普洱黑翻紅」은 "오래 된 보이차는 검은 것이 붉은 것으로 바뀐다"는 뜻으로서 노차를 가장한 가짜들이 왕왕 진짜로 둔갑하는 보이차 시장의 행태를 풍자한 것입니다. 기실 이러한 현상은 오늘날이라고 하여 그때와 거의 변함이 없는 것 같아 쓴웃음을 지울 수 없습니다.

보이차 산지 탐방과 컬렉터

1. 우림고차방 탐방

: 글 박홍관

2018년 11월 24일 17시 광주에서 비행기를 타고 서쌍판납 경홍 공항에 도착했다. 마중 나온 우림고차방 직원의 안내를 받아 회사에서 운영하는 리조텔로 갔는데, 너무 늦은 시간에 도착하여 조용히 배정받은 방으로 가기 위해 차나무 사이로 만들어진 계단을 올라갔다. 필자는 1년 전에 방문한 경험이 있어서 조금 편안한 마음으로 주변 경관을 생각하며 숙소에 들어갈 수 있었다.

아침에 일찍 일어나 리조텔 경관을 아래로 내려다볼 수 있는데, 이때 주변이 온통 차나무라는 것을 알게 되면 이곳이 단순한 숙박 시설의 리조텔이 아니라 차 산지라는 것을 깨닫게 된다. 차 나무에 둘러싸여 새가 지저귀는 소리와 청정한 숲속의 기운을 느껴보면, 이렇게 집을 지을 수 있다는 것에 다시 한번 놀라움을 금치 못한다.

우림고차방 휴양지

우림고차방의 리조트는 국내외 그 어떤 곳과도 비교할 수 없는 대단한 휴양시설이다. 적어도 차인들이 쉴 수 있는 공간으로 볼 때는 최고라 할 수 있겠다. 구조는 1동, 2동, 3동 등으로 11동까지 나누어진다. 하나의 동에는 큰 방 한 채와 더블 침대가 있는 두 공간이 있다. 그리고 그 동의 전용 차실이 한 채 있다. 각각의 동마다 내실에는 TV만 없고 차를 즐길 수 있는 모든 시설이 완벽하게 갖추어져 있다.

첫날 아침 식사하러 식당으로 내려가기 전에 차실에 모였다.

이곳에는 3종류의 차가 소포장으로 깡통에 보관되어 있다. 누구든지 숙박한 분들이 마실 수 있게 찻자리가 완벽하게 준비된 것이 특징이다. 차는 생차를 둥근 소타 형으로 만들었다. 식전에 마시는 차 한 잔의 의미가 새롭게 느껴진다. 5명이 마시기에 작은 듯한 개완으로 마신 차는 분위기뿐만 아니라 실제 맛의 풍미 역시 좋았다.

식당으로 내려가는 주변 풍광도 좋지만 그 아래 보이는 수영장 위에 준비된 휴양시설 같은 차실은 참 매력적인 공간임을 두 번째 방문에서도 느낄 수 있었다. 식당의 음식은 이 지역 사람들이 늘 먹는 음식인데 어떤 것이라도 우리 입맛에 맞게 나온다. 토속적인 음식인데 신선한 재료 본연의 맛으로 싱그러운 아침 식사를 하였다. 큰 건물 한 층을 식당으로 사용하는데 두 군데로 나누어져 있다.

한쪽은 리조텔을 사용하는 외부 손님이 이용하는 곳이고 다른 쪽은 직원용이다. 직원이 300명 정도 되니까 상당한 규모임을 알 수 있다.

식사를 마치고 나오면 본관 1층 차실에는 다예를 전문적으로 교육받은 직원이 테이블마다 대기하고 있다. 우림에서 나온 차 가운데 비치된 차들을 마셔볼 수 있는 자리이다. 우리 자리에는 매니저가 동석하여 차에 대해서 설명을 잘 해주었다. 이렇게 둘째 날의 아침은 시작되었고 10시부터 맹송 지역 차 산지를 안내자의 상세한 설명을

들으면서 오르게 되었다.

우림에서는 손님들에게 우림에서 관리하는 차 산지를 보여주는 것이 큰 특징이다. 시기에 따라서 탐방하는 차 산지는 다르겠지만 이번에는 서쌍판납 맹해현 서정향으로 달렸다. 높은 고도에서 보면 왼쪽으로 미얀마가 보인다. 조금 더 지나다가 파달과 장랑으로 가는 표지판을 보면서 인근 지역의 다양한 차나무를 실제로 보게 되었다.

다음은 차 산지로 향했다.

맹송 지역이다. 이곳은 1,300년 된 고차수가 보존된 곳으로 그 지역으로 가는 과정에서 실제 체험학습이라고 할 정도의 많은 자연학습 현장을 볼 수 있는데, 예를 들면 다음 해 수매량을 높이기 위한 차밭의 관리형태를 보게 된다. 우림고차방의 나무는 아니지만 그런 지역의 차산을 지나기 때문에 알 수 있다.

고차수 나무를 중심으로 개관하여 비료를 주거나 흙을 파헤쳐 놓은 곳으로 그렇지 않은 곳과 비교해서 볼 수 있다. 자연적으로 놔두어 낙엽이나 부엽토가 고차수의 생장에 좋아 보인다. 생산량을 늘리기 위해서 나무 주변의 땅을 파서 비료 주는 것은 일반인은 전혀 알 수 없는 일이지만, 이런 것은 모두 차나무 주인의 양심에 대한 문제이다. 하지만 소비자는 알 수 없다.

차왕 1호

1300년 고차수

1,300년 수령의 차나무는 높이가 너무 높아서 고개를 들고 봐야 하는데 1,000년 이 넘은 차나무는 보통 그 나름의 위엄이 있다. 지난번에 왔을 때는 비가 엄청 내리는 가운데 보게 되어 고개를 들 수도 없었고 사진 촬영도 힘들었는데 이번에는 쾌청한 날씨라 좋은 기록을 남길 수 있었다.

우림고차방 자료실

2012년 설립 이후 "진정한 고차수, 전통적 수법"을 브랜드의 발전이념으로 삼았는데, 보기엔 간단한 이 여덟 글자는 다름 아닌 우림인들이 견지하는 제다의 초심인 것이다. 이를 위해서 우림인들은 상당히 고달프고 힘든 노동의 대가를 치르고 있는데, '단지 오랜 전통의 진정한 실천이 행과 전승을 위한 것이다'라고 명문에 밝히고 있다.

다음 날 아침 식사를 마치고 우리고차방 자료실을 보게 되었다.

우림고차방 자료실은 1층에는 서쌍판납전 지역을 한 눈으로 볼 수 있게 조형이 만들어져 있는데 아주 세밀하게 측정하여 만든 것이다. 고육대차산과 신육대차산이 어떻게 나누어지는지 볼 수 있고, 강과 산맥의 흐름도 알 수 있었다. 그 속에서 우림고차방이 보유한 차 산지가 깃발로 꽂혀있다. 그 외에 보이차를 제작하는 방법에 대한 설명, 우림고차방 차의 특장점 등등이 소개되어 있었다. 2층 자료실에는 우림에서 처음 만든 차부터 현재까지 모든 차의 채엽 시기와 품종에 대한 상세한 기록이 있었다.

생차의 샘플을 모두 보관한 샘플 박스를 산지별로 몇 개 열어보고 확인하였는데, 이러한 방대한 자료에 놀랄 뿐이었다. 모든 차 산지 차들의 채엽한 시기와 농가 이름이 적혀있다.

이런 곳을 두고 차의 자료실이라고 한다.

우림고차방에서 이강근(원제), 김정현 부부

철병

: 소장_이강근(원제)
: 글_박홍관(본지 발행인)

에도시대 일본에서 만든 것으로 추측되는 이 철병은 동으로 만든 뚜껑 손잡이의 대추 모양부터 하나하나 예술적인 기술이 접목되어 만들어 졌다. 특히 철병의 몸통은 한면에 금으로 입사한 것은 상당히 예술적인 표현을 한 것으로 이 철병이 사용될 시점에 사용 자는 궁이나 상당한 사회적인 지휘가 있는 귀족층이 아닐까 여겨진다.

표면 디자인을 넣을 때 거푸집 안쪽에 음각과 양각으로 섬세하게 문양을 넣은 것으로 보이며, 하나 정도만 뽑을 정도로 대중적인 것이 아닌 황실 및 귀족층에서 사용하는 것 으로 추측된다.

화려한 철병에는 기본적으로 손잡이에 은 세공이 들어간다. 이 철병에서는 실제 차를 마실 때 사용할 수 있는 크기와 품격을 갖추면서 매우 화려함도 함께 감상할 수 있다.

중국 도자기의 수도
경덕진 고령토 유적지

경덕진 전통 가마터

고령토와 자석토

중국 경덕진 도자 박물관

경덕진 도자 공방

차도구 컬렉터

: 소장_이강근(원제) 회장
: 글_박홍관(본지 발행인)

이창홍 국가급 대사

차도구를 수집하고 차를 즐기며 조금씩 더 깊은 세계로 다가가는 가운데 현대 보이차 시장의 큰 흐름을 짚어나가면서 컬렉터로서 광주 이강근(원제) 회장을 차실에서 만났다.

회장님이 차도구에 많은 관심을 가지신 계기는 어떻게 되는가요?

차도구를 만나기 전에는 그림을 좋아해서 2000년대 이전에는 서울 인사동에서 그림 전시회를 보러 다녔는데 2000년대에 들어와서는 지인의 소개로 보이차를 접하게 되었습니다. 초기에는 광주지방에서 차인들과 교류하고 서울 인사동을 비롯하여 여러 차전문점을 찾아다니면서 차를 마시고 조금씩 구입하여 마시는 과정에서 취미가 되었습니다.

포지강 국가급 대사

회장님은 자사호에도 많은 관심이 있으시다고 알려졌
는데 자사호에 대해서 아시는 대로 알려주시기 바랍
니다.

보이차를 마시다 보니 자연스럽게 차를 우려내는 도구
의 하나인 자사호를 구입하여 사용해보면서 상당히 예
술적인 면도 있다는 점을 알게 되었습니다. 그래서 자
사호의 본 고장인 중국 의흥을 방문하여 대사급 작가
를 찾아다니면서 교류하게 되었습니다.
대사급 작가와 특별한 교류를 가진 분이 있다면 소개
해 주세요.

대표적인 작가로는 이창홍 대사가 있는데, 이 대사는
그림도 잘 그려서 직접 그린 그림을 선물로 받기도 했
습니다. 그 외 서한당, 서수당, 하도홍, 계익순, 진국
량, 주단 등을 직접 만나 뵙고 그분들의 작품 세계를
이해하는 시간을 가지게 되면서 자사호에 관심을 깊
게 가지게 되었습니다.

한국의 1세대 사기장의 작품도 관심이 많은 것으로
알고 있습니다. 보통 중국차와 도구를 취급하시는 분
들은 한국의 차도구에 관심이 덜한 편인데 회장님은
어떤 특별한 이유가 있으신가요?

한국 차도구를 다완에만 국한해서 수집했는데, 특히 1
세대 사기장의 작품 가운데 정점교, 신정희, 김정옥,
천한봉, 김성기 중에서도 초기 작품에 관심을 가져왔
습니다. 그 당시 작품들은 조형성이 부족한 부분도 있

정점교 다완

지만, 이분들로 인해서 그 대를 이어가는 것을 볼 수 있기 때문입니다. 특히 말차를 마시는 다완에 있어서는 각자의 특징이 있는데 그것이 우리 시대를 대변하는 것으로 보입니다.

보이차는 특별히 노차보다는 2000년 이후 현대 보이차에 대해서 관심을 가지고 있는 것으로 알고 있습니다. 특별한 이유가 있으신가요

보이차를 수집하는 방향을 생각할 때, 자연이나 인간이나 대동소이하다고 봅니다. 현대화되고 개발된 모습을 보면 발전적으로 변해왔던 것처럼 보이차도 그 일환으로 보고 있습니다.

2000년 이후 맹해차창의 후신인 대익보이차의 생산과 유통을 보면서 보이차는 향후 마시는 보이차와 금융상품의 두 가지로 구분될 것으로 생각됩니다.

예를 들면 2018년에 생산된 대익 천우공작을 조금 소장하고 있는데 판매 당시 1건에 한국 돈으로 2,000만 원 미만으로 거래되었습니다. 그런데 2019년 12월 15일 현재 1건

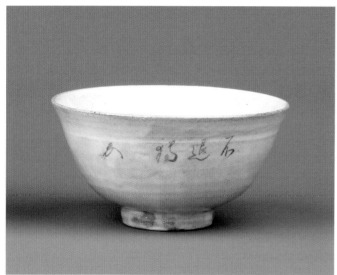

당 5,000만 원을 호가합니다(중국 동화 차엽 시세판 기준, 수수료 비용 포함).

두 번째는 헌원호인데 2017년 출시 당시에 2,000만 원 미만으로 출시되었는데 현재 수수료 비용 포함 1건당 1억 원(한화)을 호가합니다(중국 동화차엽 시세판 기준). 이런 현실을 부정할 수 없지 않겠습니까? 그래서 이런 류의 보이차는 금융상품이라고 생각합니다.

금융상품이라는 것은 재테크 목적으로 소장해야 한다고 봅니다. 개인적으로 만든 차나 중소업체에서 만든 차들 중에도 대단하고 훌륭한 차도 있겠지만 시장에서 가치를 평가받는데 시간이 오래 걸리는 것으로 보입니다. 그러나 브랜드 차들은 시판 초기부터 마시는 차와 재화로 구분되는 차이가 있습니다.

그래서 마시는 차와 금융상품으로의 차를 구분하면서 보이차를 접해야 된다고 개인적으로는 생각합니다. 끝으로 좋은 보이차를 취미 삼아 마시는 것은 건강과 행복 지수를 높여 줄 것으로 봅니다.

대익 천우공작

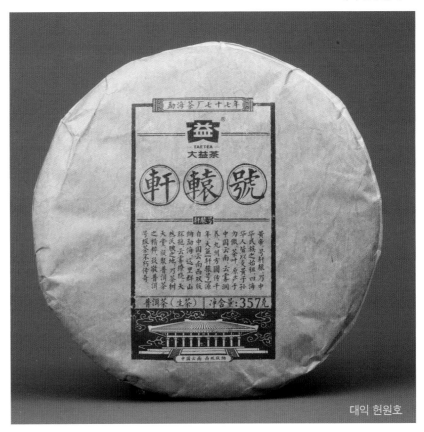

대익 헌원호

보이차 소장가의 차실

: 글_박홍관(본지 발행인)

수장가 이강근(원제) 회장 님의 차실을 방문했다. 이곳은 차를 접대하는 공간으로 당호는 '만송헌'이다. 방이 두 개 있고 거실에 차탁이 놓여 있다. 현관에서 오른 쪽 방은 보이차 소장고다. 거실에 놓은 차탁은 이강근(원제) 회장이 현재의 공간에서 차를 마시는데 편하게 만든 공간으로 보인다. 자리에 앉자 첫 마디가 "무슨 차를 드릴까요" 하시며, 1999년 한국의 스님이 운남에 가서 만들어온 차가 있다고 했다. 필자가 알고 있는 그 분이 아니라면 전혀 새로운 1999년 생산 차를 알게 되는 것이기에 매우 흥미가 생겼다. 귀한 차라고 하시며 이 차를 내어 주셨다.

시음해 보니 19년의 세월을 머금은 만큼, 그동안 보관이 잘 된 차로서 참 맛이 한껏 나왔다. 그래서 보이차도감 개정증보판 편집이 마무리 되었지만, 이 차를 도감에 넣고 싶

다고 해서 허락을 받게 되었고, 보이차 소장고에서 한 통을 내어 한 편을 따로 받았다.

그리고 또 마시고 싶은 차를 말씀하라 하시어 보이차 보관통에서 눈에 띈 2002년 반장특제정품을 말씀드리니 선뜻 내어주었다. 이 차는 현시세로 1000만원인데 필자가 보이차도감에 포장지를 열고 찍은 사진이 없을 만큼 몸값이 비싼 차다. 이 차를 마시면서 대익보이차의 잘 만든 차에 대한 인식을 달리하는 계기가 되었다. 고삽미가 두터우면서 풍부한 오미를 그대로 느낄 수 있었다. 이 차를 책에 수록하기를 청하며, 그동안 병면 사진을 못 찍어서 포기한 차였는데, 보이차도감인 만큼 내용을 충실히 하고자 도움을 청하니 선뜻 전시된 차를 내는 호의를 베풀어 주셨다.

'이달의 찻자리'에서 차에 대한 이야기를 하게 된 것은 이강근(원제) 회장님의 2000년을 전후한 보이차에 대한 식견이 상당함을 인함이다. 소장한 차에 대한 이해도가 남다른 것은 보통의 수장가에게서 자주 볼 수 없는 일이다.

필자가 '수장가'라고 쓴 '소장가'와 다른 의미이기 때문이다. 수장은 말 그대로 쌓아놓는 것이다. 음미와는 거리가 멀다. 반면 소장가라는 의미는 음미의 성향이 높다. 즉, 음용을 통해 이해를 높이는 것이며, 그에 따른 공부도 물론 병행이 된다. 다른 컬렉션과 달라서 직접 허물어 음미가 동반되는 와인컬렉션과 동질 선상에 있는 것이다. 세상에서 제대로 평가받은 차를 직접 구매해서 마셔볼 수 있는 소장가이자 컬렉터의 입장에서 본다면, 식견이라는 것은 아마도 당연한 일이 아닐까.

좋은 찻자리란 무엇인가?

찻자리에서 만난 사람이 본질이며, 그 본질들의 수준을 가늠하는 것이 상질의 차라고 할 수 도 있다. 그리고 도구들도 그 수준을 맞추는 경우까지 한다면 잊을 수 없는 찻자리가 될 것이다. 그러나 가장 중요한 것은 사람이다. 그 사람과 나누는 대화의 수준은 모든 것을 가늠하는 기준이다. 그 속에서는 친절과 배려가 있고, 이날 차의 대한 이야기는 사업가로서의 인생관이 투영된, 그만의 철학을 알게 된 자리였다. 고로 가장 중요한, 사람이 남는 자리였다.

2018년 11월 『다석 4호』 이달의 찻자리 기사에서

주홍걸(周紅杰) 교수와 함께한 찻자리

: 글 석우

2012년 가바 보이차

2018년 11월 3일 전남 화순에서 열린 블렌딩 국제차문화제에서 보이차 특별 강의를 위하여 참석한 주홍걸(周紅杰) 교수님을 이강근(원제) 회장님과 같이 만났다. 그 자리에서 광주에 있는 이강근(원제) 차실 '만송헌'에 초대받아, 부부가 같이 당일 저녁에 참석하게 되었다.

만송헌에 소장된 보이차 소장품 중에는 2000년 이후 현재 중국 보이차 시장에서 특별한 가격으로 거래되는 차들이 많다. 그 차들을 살펴보며 생차와 숙차에 대한 교수님의 견해를 듣게 되었다. 특히 주홍걸 교수님이 보이생차에서 압병을 하지 않은 모차 상태는 녹차로 분류한다는 주장을 펼쳤는데, 상당히 설득력이 있다고 여겨졌다.

이날 세 가지 차를 마셨는데, 그 중 하나는 1999년 만송차, 또 하나는 2003년 반장교목특제, 교수님이 가져온 가바 안기정산 차였다. 각각의 차에 대한 특징을 이야기하면서 몇 가지 질문을 주고받을 수 있었다.

필자가 고수차의 약리 작용에 대한 견해를 묻자, 주홍걸 교수님은 고수차라고 다 약리 작용이 뛰어난 것이 아니라는 점, 지역에 따라 품종에 따라 효능이 다르다는 점을 알려주었다.

중국 주홍걸 교수 부부와 찻자리

주홍걸 교수님이 가져온 2012년 가바 안기정산(氨基丁酸) 차를 마실 때, 필자는 상당히 놀랐는데, 아미노산 함량이 풍부하다는 점을 입안에 품은 맛으로 단박에 알 수 있었기 때문이다. 보이차 생차에서 아미노산이 이렇게 풍부하게 나오는 차를 처음 만난 것 같았다. 고산지대 고수차나 이름난 차산지의 차들을 비교하며 맛을 즐기는 것이 보이차를 마시는 데 있어서 또 하나의 즐거움이었다면, 건강을 위해 인체에 유효한 성분을 가감하여 특정 함량이 많도록 과학적으로 생산해 낸 보이차를 맛보는 또 다른 즐거움을 발견할 수 있었다. 이 차는 인체에 필요한 아미노산 성분 10가지를 함유하고 있어, 특히 치매예방에 효과가 있다고 했다.

주홍걸 교수님께 마지막으로 보이차의 향후 발전 방향에 대해 묻자 "보이차가 건강을 지켜나가는 데 크게 기여할 것이다"라는 답변을 들었다.

지금 보이차 혹은 차류에 대한 연구를 거듭하며 일어나고 있는 일들은 다양하고 무척 많다. 숙차에서 숙미와 숙향이 없는 차류를 생산하고, 효능에 따라 차류를 재배열하는 등의 이전과 같지 않은 일들이 앞으로 일어날 것이다. 약리적인 작용을 발전시키는 일은 아마도 중국에서는 가능한 일이겠지만, 일반적인 차의 음용이 어떻게 변할지는 필자도 모를 일이다.

다만, 사람에게 이롭게 함은 좋지만 사람이 음용할 수 있는 정도의 경제적 수준은 지켜주길 소망해 본다.

현대 보이차의 소장과 투자

97 수남인

보이차는 미술품 투자와는 조금 다른 양상을 띤다. 마시는 기호 음료에서 출발하기에, 소장 가치가 있는 보이차에 투자하려면 첫 번째, 원산지 증명이 분명해야 한다. 그런 측면에서 보면 와인과 비슷하다. 채엽한 나무의 산지를 정확히 알고 만든 대기업 제품에서 투자의 안정성을 찾을 수 있을 것 같다. 두 번째, 모차 관리와 생산 일지가 정확하게 관리되는 차에 신뢰가 갈 수 있다.

예로 들면, 중국에서 보이차 전문 기업으로 대표적인 회사는 '대익보이차'이다. 대익은 시기별로 대표적인 상품이 있는데, 2008년 공작 시리즈의 경우 한 해에 여러 가지 이름의 공작 시리즈를 생산하면서 출시되기도 전에 그 가치가 반영된 금액으로 실제 거래되었다.

그리고 대익보이차는 광동(광저우) 차 시장에 있는 동화유통공사에서 사고파는 기준 가격을 언제든 핸드폰 앱으로 볼 수 있고, 주식 거래와 같은 방식으로 거래가 되고 있다. 보이차를 소장하고 있는 소장가의 입장에서는 매일 핸드폰으로 변화된 가격을 확인하고, 또 자신이 매도할 차의 거래가를 확인할 수 있기에 믿고 투자하는

2002년 반장특제정품

2003년 사성반장청병

2005년 오금호원차

2005년 월진월향 특제청병

경향이 있다. 그래서 천우공작 및 금색운상 시리즈나 헌원호 등은 한때 최고 가격을 갱신하면서 이목을 집중시키기도 하였다.

결론적으로 보이차 투자는 차의 품질을 확인하고 직접 마셔보고 생산 이력을 검증한 뒤에 유통 전문가를 통해 매입을 결정하는 것이다. 그 뒤에는 차를 즐기면서 큰 흐름을 보고 보이차의 시세에 맞는 거래를 할 수 있기에, 보이차의 소장과 투자라는 두 가지 소득을 얻을 수 있다.

보이차 투자의 원칙

97수남인

보이차 애호가로서 출발하여 보이차 소장가가 되기까지 수많은 경험을 통해서 알게 된 사실 중 하나는, 개인이 만든 보이차는 맛으로 즐길 때는 상관없지만 재화의 가치로 변환이 다소 힘들 수 있다는 것이다. 개인 차창에서 고수보이차나 특정한 산지의 고수차를 만들면 차의 좋은 향과 맛을 즐기는 데에는 더할 나위 없이 좋지만, 그런 차에 안전하게 투자하기에 다소 어려움이 있다는 것이다. 왜냐하면, 특정한 가치의 차는 대중의 투자를 이끌 수 없고, 맛을 보지 않고는 거래가 불가능하다는 구조적 결함을 가지고 있기에, 투자에 있어서는 브랜드 제품을 선택하게 되는것이 현실이다.

그래서 보이차 투자 원칙에 따라 보편적인 가치는 지니면서, 차 맛을 즐기는 가운데 언제든지 재화로 바꿀 수 있는 차는 국제적으로 이름난 중국의 3대 차창이 주도하는 형편이다. 이것은 세계 최고의 보이차 유통 기업인 '동화'의 거래 실적을 보

2006년 남라공작

2008년 오채공작

2017년 헌원호

2018년 천우공작

면 알 수 있다. 나는 다행스럽게도 신뢰할 수 있는 보이차 유통을 주도하고 있는 동화유통공사를 알게되면서 소장과 투자를 병행하여 매수와 매도의 결단을 내릴 수 있게 되었다. 정확한 정보를 바탕으로 절묘한 타이밍을 잡고, 투자 범위를 넓힐 수 있다.

연송 이강근
대익 보이차 소장품

맹해차창 (대익)

보이차에 조금이라도 관심을 가지고 있거나 그 역사에 대해서 알고자 하면 맹해 차창의 존재를 반드시 알게 된다. 보이차는 1729년 공차(貢茶)로 지정되어 200년간 황실에 공납되면서 최대의 번영기를 맞았다가 청말 중화민국 초기에 관료들의 부패와 과중한 세금, 혼란한 치안과 질병 등 복합적인 이유로 한동안 쇠퇴기를 겪었다. 이때 보이차의 중심은 이무(易武)에서 맹해로 옮겨지게 된다. 그러면서 맹해 차창은 자연스럽게 원차(圓茶)를 생산하는 최대의 차창이 되었다. '맹해'에서 '맹'은 태족어(族語)로 지방을 가리키며, '해'는 '대단한' 혹은 '용감한'이란 뜻이다. 맹해란 곧 '용감한 자가 거주하는 지방'이란 의미다.

대익 보이차의 숫자

보이차의 이름을 붙일 때, 어느 산에서 딴 찻잎으로 만들었는지에 따라 차의 맛이 달라지기 때문에 특정 차산의 이름을 따서 차의 이름을 정하는 경우가 종종 있다. 예를 들어 무이정산, 반장대수차, 노만아 고수차 등이 바로 그렇게 이름을 붙인 차다. 그러나 지역이나 품종이 아닌 7542, 7572, 8582 등 숫자로 이름을 붙인 보이차 역시 자주 볼 수 있다. 이렇게 숫자로 이름이 되어있는 차를 중국에서는 '맥호차'라고도 하는데, 이러한 숫자는 과연 무슨 의미일까?

이 숫자는 수출의 편의를 위해 1976년 운남차엽공사에서 만든 것으로 차에 대한 정보를 담고 있는 숫자의 조합이다. 앞의 두 자리 숫자는 보이차의 찻잎을 혼용하는 방법인 '배방'이 만들어진 해를 의미하고, 세 번째 숫자는 쓰인 찻잎의 평균 등급, 네 번째 숫자는 생산 차창의 고유번호다. 맹해차창의 대표 상품인 7542를 예로 들면, 1975년에 만들어진 배방으로 평균 4등급의 원료를 사용해, 고유번호 2번을 사용하는 맹해차창에서 생산했다는 의미이다.

• 생산: 1997년

• 무게: 357g

• 차창: 맹해차창

운남대엽 야생청병

- 생산: 2001년
- 무게: 357g
- 차창: 대익차창

- 생산: 2001년
- 무게: 357g
- 차창: 대익차창

이무정산야생차 103

- 생산 : 2001년
- 무게 : 357g
- 차창 : 대익차창

- 생산: 2001년
- 무게: 357g
- 차창: 대익차창

등중등인 7542

- 생산: 2001년
- 무게: 357g
- 차창: 대익차창

• 생산 : 2002년

• 무게 : 357g

• 차창 : 대익차창

상산청병

- 생산 : 2002년
- 무게 : 357g
- 차창 : 대익차창

• 생산 : 2002년

• 무게 : 357g

• 차창 : 대익차창

사성반장

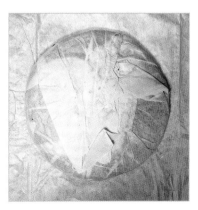

- 생산 : 2003년
- 무게 : 357g
- 차창 : 대익차창

• 생산 : 2003년

• 무게 : 357g

• 차창 : 대익차창

금대익

• 생산 : 2003년

• 무게 : 357g

• 차창 : 대익차창

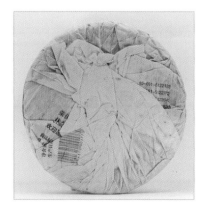

• 생산 : 2003년

• 무게 : 357g

• 차창 : 대익차창

녹색 생태청병

- 생산 : 2003년
- 무게 : 357g
- 차창 : 대익차창

• 생산 : 2003년

• 무게 : 357g

• 차창 : 대익차창

홍대익 7542

- 생산 : 2003년
- 무게 : 357g
- 차창 : 대익차창

• 생산 : 2003년
• 무게 : 250g
• 차창 : 대익차창

맹해 홍띠 타차

- 생산 : 2003년
- 무게 : 100g
- 차창 : 대익차창

- 생산 : 2003년
- 무게 : 357g
- 차창 : 대익차창

황대익

- 생산 : 2004년
- 무게 : 357g
- 차창 : 대익차창

• 생산 : 2005년

• 무게 : 357g

• 차창 : 대익차창

7542 502

- 생산 : 2005년
- 무게 : 357g
- 차창 : 대익차창

- 생산 : 2005년
- 무게 : 357g
- 차창 : 대익차창

7542 506

- 생산 : 2005년
- 무게 : 357g
- 차창 : 대익차창

- 생산 : 2005년
- 무게 : 357g
- 차창 : 대익차창

7742 601

- 생산 : 2006년
- 무게 : 357g
- 차창 : 대익차창

• 생산 : 2006년
• 무게 : 366g
• 차창 : 대익차창

남라공작 601

- 생산 : 2006년
- 무게 : 357g
- 차창 : 대익차창

- 생산 : 2006년
- 무게 : 357g
- 차창 : 대익차창

7742 701

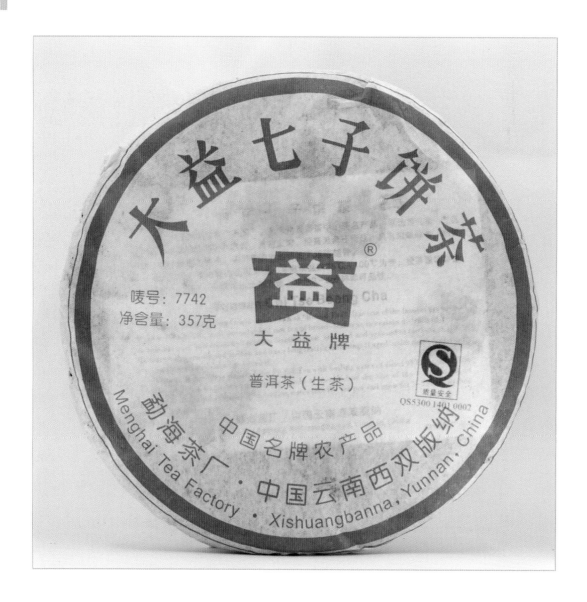

• 생산 : 2007년

• 무게 : 357g

• 차창 : 대익차창

• 생산 : 2007년

• 무게 : 357g

• 차창 : 대익차창

고산운상

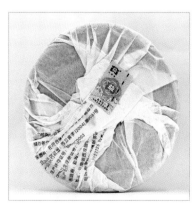

- 생산 : 2008년
- 무게 : 357g
- 차창 : 대익차창

• 생산 : 2008년

• 무게 : 357g

• 차창 : 대익차창

포랑공작 801

- 생산 : 2008년
- 무게 : 357g
- 차창 : 대익차창

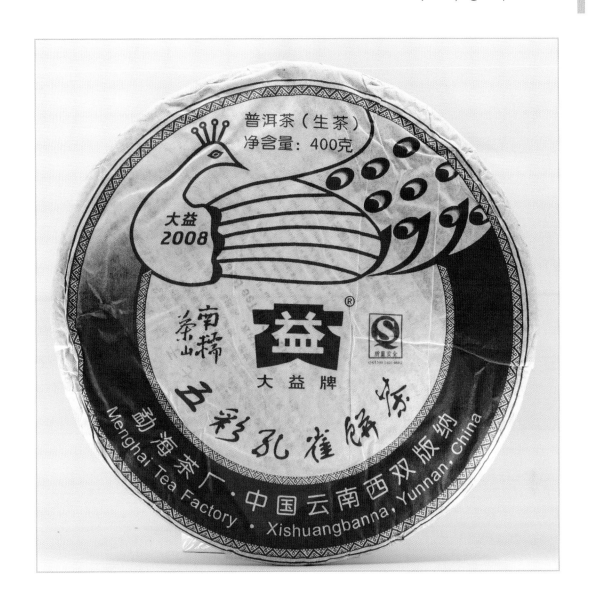

- 생산 : 2008년
- 무게 : 357g
- 차창 : 대익차창

맹해공작 801

- 생산 : 2008년
- 무게 : 357g
- 차창 : 대익차창

- 생산 : 2008년
- 무게 : 357g
- 차창 : 대익차창

이무정산 901

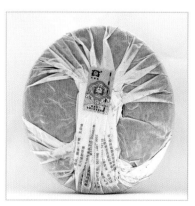

- 생산 : 2009년
- 무게 : 357g
- 차창 : 대익차창

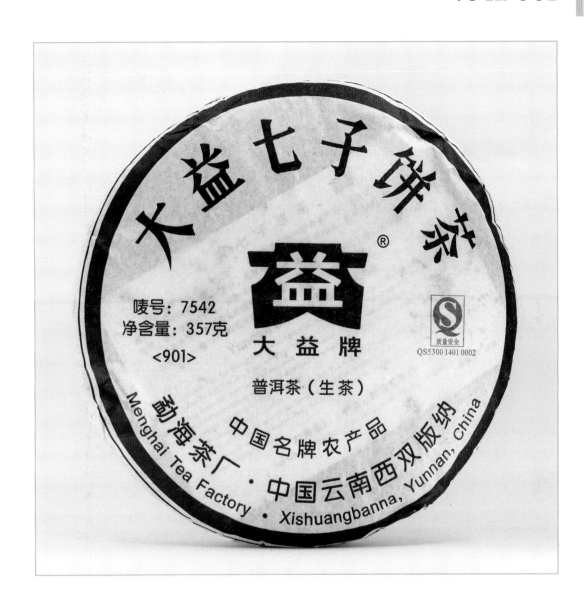

• 생산 : 2009년

• 무게 : 357g

• 차창 : 대익차창

• 생산 : 2010년

• 무게 : 357g

• 차창 : 대익차창

- 생산 : 2010년
- 무게 : 357g
- 차창 : 대익차창

7742 101 한글판

- 생산 : 2011년
- 무게 : 357g
- 차창 : 대익차창

• 생산 : 2011년
• 무게 : 357g
• 차창 : 대익차창

8582

- 생산 : 2011년
- 무게 : 357g
- 차창 : 대익차창

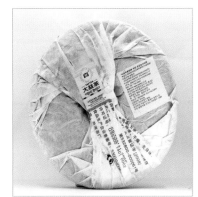

- 생산 : 2011년
- 무게 : 357g
- 차창 : 대익차창

신해혁명(숙차)

- 생산 : 2011년
- 무게 : 357g
- 차창 : 대익차창

• 생산 : 2011년

• 무게 : 357g

• 차창 : 대익차창

금색운상 201

- 생산 : 2012년
- 무게 : 357g
- 차창 : 대익차창

- 생산 : 2012년
- 무게 : 357g
- 차창 : 대익차창

암운

- 생산 : 2012년
- 무게 : 357g
- 차창 : 대익차창

- 생산 : 2012년
- 무게 : 357g
- 차창 : 대익차창

고산운상

- 생산 : 2012년
- 무게 : 357g
- 차창 : 대익차창

- 생산 : 2012년
- 무게 : 357g
- 차창 : 대익차창

7542 6년

- 생산 : 2013년
- 무게 : 357g
- 차창 : 대익차창

- 생산 : 2013년
- 무게 : 357g
- 차창 : 대익차창

맹해조춘 교목원차 6년

보이차(생차)
중   량:357g

- 생산 : 2013년
- 무게 : 357g
- 차창 : 대익차창

• 생산 : 2013년

• 무게 : 357g

• 차창 : 대익차창

- 생산 : 2013년
- 무게 : 357g
- 차창 : 대익차창

• 생산 : 2013년

• 무게 : 357g

• 차창 : 대익차창

7742 9년

- 생산 : 2013년
- 무게 : 357g
- 차창 : 대익차창

• 생산 : 2014년

• 무게 : 357g

• 차창 : 대익차창

영웅준마

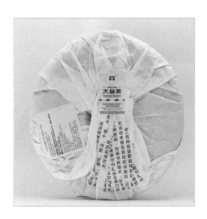

- 생산 : 2014년
- 무게 : 357g
- 차창 : 대익차창

- 생산 : 2014년
- 무게 : 357g
- 차창 : 대익차창

대익전세

- 생산 : 2014년
- 무게 : 357g
- 차창 : 대익차창

• 생산 : 2014년

• 무게 : 357g

• 차창 : 대익차창

자대익

- 생산 : 2015년
- 무게 : 357g
- 차창 : 대익차창

- 생산 : 2015년
- 무게 : 357g
- 차창 : 대익차창

대익전기

- 생산 : 2015년
- 무게 : 357g
- 차창 : 대익차창

• 생산 : 2015년

• 무게 : 357g

• 차창 : 대익차창

난운

- 생산 : 2016년
- 무게 : 357g
- 차창 : 대익차창

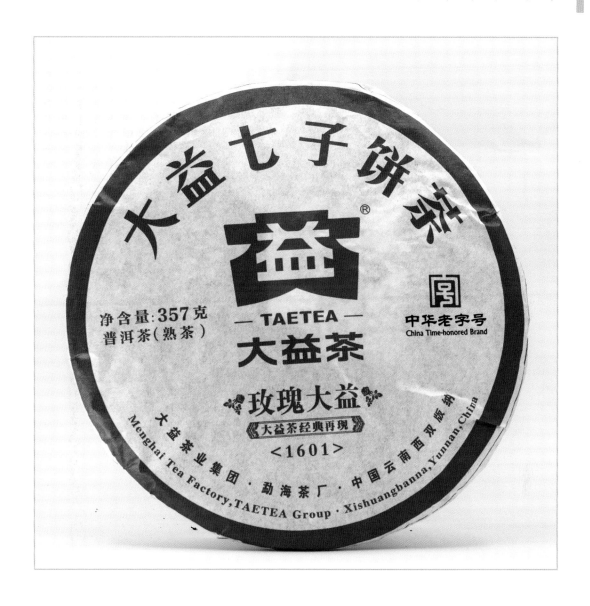

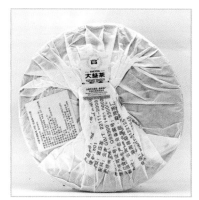

• 생산 : 2016년

• 무게 : 357g

• 차창 : 대익차창

진장공작

- 생산 : 2016년
- 무게 : 357g
- 차창 : 대익차창

- 생산 : 2017년
- 무게 : 357g
- 차창 : 대익차창

헌원호

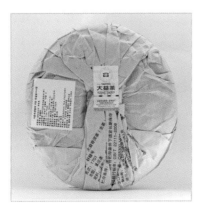

- 생산 : 2017년
- 무게 : 357g
- 차창 : 대익차창

• 생산 : 2017년
• 무게 : 357g
• 차창 : 대익차창

- 생산 : 2018년
- 무게 : 357g
- 차창 : 대익차창

• 생산 : 2018년

• 무게 : 357g

• 차창 : 대익차창

왕세

- 생산 : 2018년
- 무게 : 357g
- 차창 : 대익차창

- 생산 : 2018년
- 무게 : 357g
- 차창 : 대익차창

파리묘운

- 생산 : 2018년
- 무게 : 357g
- 차창 : 대익차창

- 생산 : 2019년
- 무게 : 357g
- 차창 : 대익차창

7542

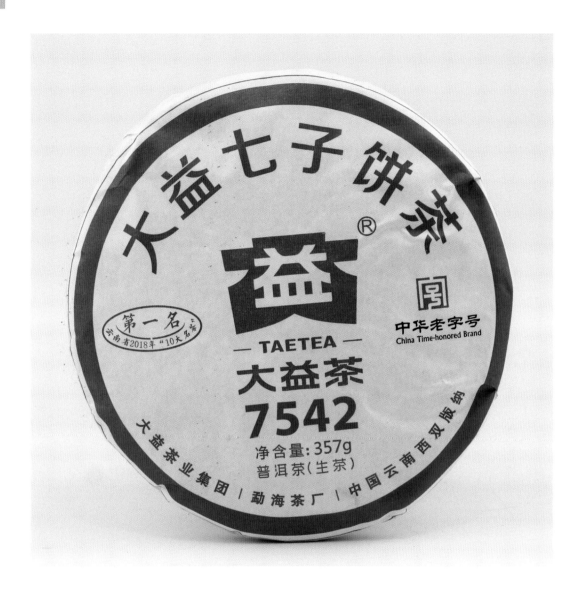

- 생산 : 2019년
- 무게 : 357g
- 차창 : 대익차창

- 생산 : 2019년
- 무게 : 357g
- 차창 : 대익차창

- 생산 : 2019년
- 무게 : 357g
- 차창 : 대익차창

- 생산 : 2019년
- 무게 : 357g
- 차창 : 대익차창

군봉지상

- 생산 : 2020년
- 무게 : 357g
- 차창 : 대익차창

普洱茶(生茶)
净含量:357克

• 생산 : 2021년
• 무게 : 357g
• 차창 : 대익차창

역개천지

- 생산 : 2022년
- 무게 : 357g
- 차창 : 대익차창

• 생산 : 2022년

• 무게 : 357g

• 차창 : 대익차창

연송 이강근
일반 보이차 소장품

우림고수차(雨林古樹茶)

2012년 설립한 "우림고차방"은 2019년 회사가 와해되어 상호를 "우림고수차"로 변경되었다. 우림고수차는 처음부터 거대 자본으로 출발하였다. 당시 고수 순료차가 유행하던 시기에 대익차 병배사들을 대거 스카웃하여 처음으로 고수 병배차을 만들었다.

2013년 이무, 앙출, 융출 등의 고수차로 특화하여 만들면서, 회사의 지명도가 보이차 소장가들로부터 단시간에 인지도를 올렸으며, 2017년 맹송산 장원 안에 약 3,500톤의 고수차 모차를 가지고 있었다. 현재 사장은 쿤밍 최고의 대익 대리상이며. 부사장은 동화 차엽유한공사

"진군일(陈军日)" 사장이다. 대자본가는 방촌시장 촌장으로 알려져 있다.

- 생산 : 2014년
- 무게 : 357g
- 차창 : 우림고수차

연륜

- 생산 : 2017년
- 무게 : 357g
- 차창 : 우림고수차

- 생산 : 2018년
- 무게 : 357g
- 차창 : 우림고수차

천황육수

- 생산 : 2018년
- 무게 : 357g
- 차창 : 우림고수차

- 생산 : 2017년
- 무게 : 357g
- 차창 : 우림고수차

노반장

- 생산 : 2019년
- 무게 : 357g
- 차창 : 우림고수차

하관차창

　　하관차창은 중국에서 가장 오래된 역사를 가진 차창으로 1941년에 정식 설립되었지만 이 지역에서 송학패라는 상표로 1902년부터 생산한 기록이 있다 그 역사를 계승하였다 하여 백년차창의 역사를 자랑하고 있다. 다른 차창과 달리 타차 형태의 고급차를 많이 생산하며 티벳으로 연결되는 차마고도의 길목에 자리하고 있어서 보염패 등의 상표를 만들어 지금도 공급하고 있습다. 신 중국 성립 후에, 운남성 하관 차창은 하관 타차의 생산 경영을 총괄하였을 뿐만 아니라, 60여년 동안, 운남 하관 차집단 공사에서 하관 차정수의 기초를 전승하여, 현대 공업화 생산 양식으로 하관 타차의 품질, 생산능률, 브랜드, 혁신기술 및 생산 설비, 판매 등 하관 타차는 80년대부터 3번의 국가 품질 은상을 받았다. 3번은 세계식품 금상을 받았으며, 2002넌부터, 하관타차는 국가품질 충국의 인징된 원산지 표식 상품 등록 이후, 2010년 하관 타차는 제조 기술이 국가급 비물질 문화 유한 보호 명록에 등록되었다.

- 생산 : 2014년
- 무게 : 357g
- 차창 : 하관차창

황금운원차

- 생산 : 2011년
- 무게 : 357g
- 차창 : 하관차창

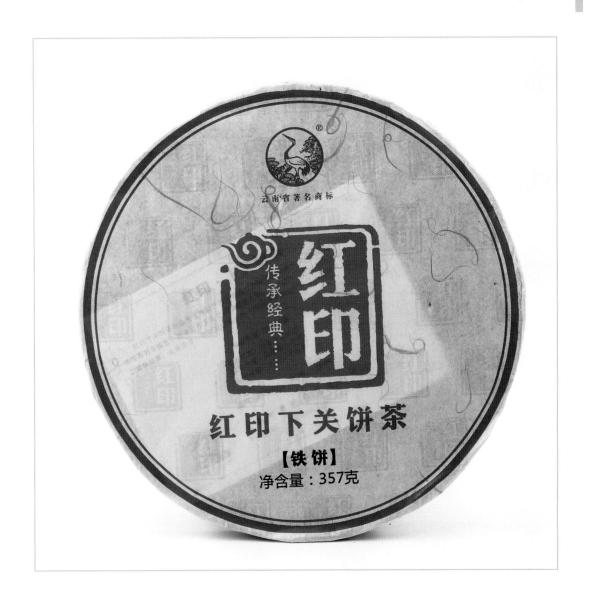

- 생산 : 2011년
- 무게 : 357g
- 차창 : 하관차창

금과철마

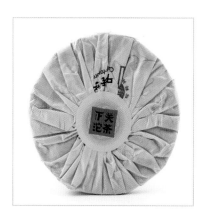

- 생산 : 2014년
- 무게 : 357g
- 차창 : 하관차창

- 생산 : 2010년
- 무게 : 357g
- 차창 : 하관차창

진승차창

복건성에서 철관음으로 성공한 진승하 회장이 2008년 노반장 마을 주민들과 독점 계약을 하고 본격적으로 개발하면서 일시에 고수 보이차 업계의 선두로 성장한 회사다. 진승의 진승하 창장(진승의 회장. 지금은 아들이 창장을 맡고 있음)이 포랑산 꼭대기 마을 노반장 고수차밭에 독점 투자하고 도로를 새로 건설하면서부터 불기 시장한 고수차 열풍은 단순히 노차와 신차로 분류되던 차 시장의 흐름을 고수차와 대지차로 새롭게 분리시켰다. 나아가 고수노차, 고수신차, 고수병배차, 고수단미차, 고수숙차 등으로 의미를 확장시켰다. 비록 9년에 불과하지만 시장의 흐름을 바꿔 놓기에는 충분한 시간이었다. 이후 이무의 복원창 고택을 인수하면서 이무 지역 또한 개발하고 있으며 최근엔 남나산. 나카 능에도 대형 조재소를 지어서 고수차를 생산하고 있다. 회사의 로비로 들어가면 기본적으로 생산품을 볼 수 있다. 회사 로비에는 운남에서 가장 큰 차탁이 있는데 단체 손님을 한 번에 치룰 수 있을 만큼 큰 차탁이라 외형적으로 상당히 '있어 보이는' 외견이다.

• 생산 : 2010년
• 무게 : 357g
• 차창 : 진승차창

노반장

- 생산 : 2011년
- 무게 : 500g
- 차창 : 진승차창

- 생산 : 2012년
- 무게 : 500g
- 차창 : 진승차창

진순아호(眞淳雅號)

　　호급 보이차의 재현을 선도한 차로 알려져 있다. 1956년 이전 개인차창에서 가가호호 만들어진 호급차인 복원창호, 동경호, 송빙호, 차순호가 가장 유명하였으며 이른바 4대 명차라고 한다. 이러한 명차들이 중국 국유화로 1956년 이후 모두 생산이 중단되었다. 그 후 유일하게 과거 호급 보이차의 제조 방법을 전승하여 후대에 다시 만든 대표적인차가 바로 "진순아호"로서, 1996년 대만의 여례진 대사가 송빙호의 제다 기법을 이어 받아서 재현하였다. 여례진 대사는 전통 보이차의 복원을 위해 당시 기술을 보유한 "장관수"라는 사람을 만나 비로소 호급차 복원에 새로운 계기를 마련할 수 있었다.

- 생산 : 1996년
- 무게 : 357g
- 차창 : 진순아호(여례진대사)

진순아호

- 생산 : 2001년
- 무게 : 357g
- 차창 : 진순아호(여례진대사)

- 생산 : 2004년
- 무게 : 357g
- 차창 : 진순아호(여례진대사)

대채

2009년 설립된 진미호는 중국 운남성 보이차 기업 중 하나로, 흑차와 후발효차를 전문적으로 생산하고 있다. 차의 품질과 향을 높이기 위해 전통적인 수공예 방식과 현대적인 기술을 결합하여 차를 제조하고 있다.

• 생산 : 2016년

• 무게 : 357g

• 차창 : 진미호

- 생산 : 2016년
- 무게 : 357g
- 차창 : 진미호

맹고 융씨차창
맹고청병

맹고융씨차창(猛庫戎氏茶廠)은 1974년 창업한 쌍강차창과 1993년 창업한 맹고차엽배제창이 1999년 합병한 차창이다. 홍콩자본이 투입될 때 "융가승"이란 자본가의 이름을 따서 맹고융씨차창으로 되었다.

• 생산 : 1999년
• 무게 : 357g
• 차창 : 맹고융씨차창

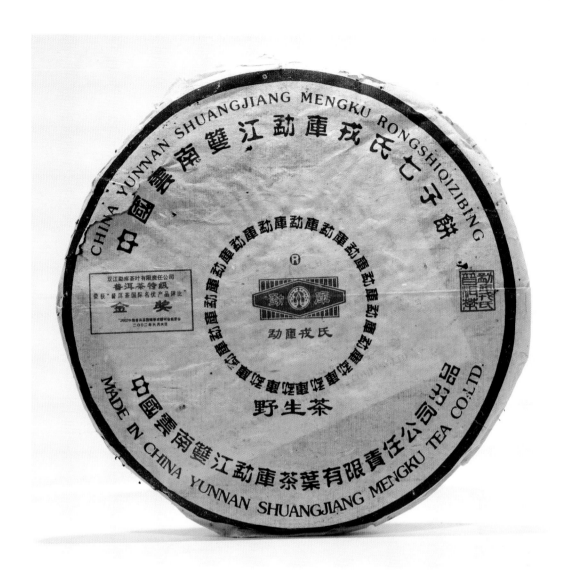

• 생산 : 2002년
• 무게 : 357g
• 차창 : 맹고융씨차창

맹고춘첨

- 생산 : 2005년
- 무게 : 357g
- 차창 : 맹고융씨차창

• 생산 : 2007년
• 무게 : 357g
• 차창 : 맹고융씨차창

한국 스님이 1998년, 의방 만송 지역을 방문하여 현지
에서 제작하였다. 2001년 처음 국내 반입한 의방 만송
고수차이다.

- 생산 : 1999년
- 무게 : 357g
- 차창 : 만송 (한국스님)

2007년 운남 용생 보이차

2007 영반지춘(오성)

난향춘조

만전조춘병

대설산조춘병

1996년에 설립된 용생차창은 보이차의 본고장인 운남 보이시에 있으며, 이무조(易武早), 대설산조 (大雪山早)등 고품질의 보이차를 생산하고 있다. 다원 8만여 묘와 1개의 성급 기술센터, 그리고 27개의 초제소를 갖추고, 차의 재배부터 가공·유통 판매를 하고 있다. 국내 전체 다원 면적은 10만여 묘를 갖고 있는 차 생산 기업이다.

마치며

차(茶)를 마시면서 좀더 품격있게 마시고 싶은 생각으로, 처음부터 자사호에 대한 연구와 수집도 함께 하였다. 보이차 애호가이면서 소장가, 투자가로 활동한 세월이 깊어지면서 2021년 〈자사호 도감〉에 이어 두 번째 〈중국 보이차〉를 내게 되었다.

이 책은 현대 보이차 중에서 대익 보이차의 소장품을 중심으로 하관차창, 우림고차방, 진승차창, 진순아호(여래진) 등으로 구분하였다. 보이차에서 보관이 중요한데, 필자는 모두 보이생차를 보관할 수 있는 최적의 환경에서 온·습도를 맞추고 동일한 조건에서 보관하고 있다. 보이차 매니아로 즐기고 투자도 병행하며, 보이차의 심오한 세계에 깊이 빠졌다고 볼 수 있다. 보이차에 대한 투자에 접근하고, 향유하면서 문화적으로 발전 시켜나길 방법도 찾아보며 향후 차가 가진 무한한 사회성을 전파하는데 미력하나마 일조를 하고 싶다는 생각으로 한국에서 보관되고 있는 현대 보이차의 자료적 가치에 역점을 두었다.

이 책이 독자들에게 조금이라도 보탬이 되었으면 합니다.

우림고수차 연구실에서

- 참고 문헌

鄧時海 耿建兴 著『普洱茶 续』云南科枝出版社 2005년

『新生普洱年鑑』1998~2003 五行圖書 2012년 초판

林世兴『云南 山頭茶』云南科枝出版社 2013년

이영자『보이차 다예』2009, 티웰

박홍관『보이차 도감2』2023. 티웰

『茶席』3호, 4호, 7호. 티웰

추병량 외『보이차의 에피소드』2023. 한국티소믈리에

최해철,〈석우연담〉보이차의 불편한 진실 - 3

중국 보이차

초판 인쇄 2023년 12월 04일
초판 발행 2023년 12월 18일

저   자 이강근
발 행 인 박홍관
발 행 처 티 웰
편집교정 심역석
디 자 인 엔터디자인 홍원준

등   록 2006년 11월 24일 제22-3016
주   소 서울시 종로구 윤보선길22(안국동) 4층
전   화 Tel 02. 581. 6535 Fax 0505. 115. 8624

ISBN 978-89-97053-58-2 (03590)

정가 55,000원